VOICE USER
EXPERIENCE

111 LAWS FOR
DESIGNING CONVERSATION

written by
ANDOH YUKIO

JN000464

音声
UX

ことばをデザインするための111の法則

安藤幸央

技術評論社

はじめに

鏡に向かって話しかけると、なんでも答えてくれる。
コンピュータに話しかけると、なんでも答えてくれる。
私が子供の頃に想像した未来は、もうごく普通の出来事になっています。

いま4歳の娘は「オッケーぐるぐる、タイマー3分お願い」と言ってから歯磨きをします。「オッケーぐるぐる、歌を歌って！」とお願いするも、ちゃんと聞き取ってもらえないと「もう、なんでわかんないの」と残念がります。そうやって、なんの不思議もなく家の中にいる見えないもう1人の家族として、スマートスピーカーに声をかける毎日です。1日に100回ぐらい娘に聞かれる「どうして？」という質問にも、父ちゃんの知識では即答できず、スマートスピーカーに聞いて答えることもあります。

音声は、人間が太古の昔からコミュニケーションに用いてきた手段です。ほとんどの人間は普段から言語を話し、他人と多くの会話をしながら日々を過ごしていますが、音声言語について洞察したことがある方はあまり多くはないかもしれません。

パーソナルコンピュータが登場してからこれまで、コンピュータを使いこなすには、操作方法あるいはプログラミングを覚え、人間の側がコンピュータに合わせる必要がありました。比較的使いやすいと言われているスマートフォンでも、それは同じです。人間が使い方を覚え、使いこなさなければいけないことに変わりはありません。ところがスマートスピーカーが登場し、その関係性が変わりました。スマートスピーカーでは、コンピュータの側が人間の言葉や立ち振る舞いに合わせなければいけないのです。コンピュータの側が音声言語を適切に使いこなす必要が出てきたのだと言えます。

本書の企画当初、私はVUI（Voice User Interface）のツールやプログラミングについて取り上げる書籍を執筆しようと考えていました。今振り返ると、人間の側がコンピュータに合わせる発想になっていたように思います。ところが、いろいろと調べては考え、筆を進めていくうちに、どんどんテクノロジーのほうが進化していきます。新しいツールが登場する一方、消えていくツールもあり、このままでは永久に書籍としては完成しない気がしていました。

そこで考えついたのは、Voice UI (User Interface) そのものよりも、音声テクノロジーによって得られるVoice UX (User eXperience)、音声UXに着目するというアイディアです。本書は、私が仕事などの経験から得られたVoice UXに関する知見を、111の法則としてエッセイ的にまとめたものです。できるだけ参考文献なども紹介していますが、特に提示されていないものは筆者自身の経験に基づいた内容です（もちろん、過去の偉人の研究成果や誰かに教えてもらった知見などが無意識に入り込んでいることはあるかもしれません）。

なお、本書ではPodcastやオーディオ書籍など、音声メディアの分野は考察の対象としていません。これらについては、また別の機会にご紹介できればと思っています。

＊　　　＊　　　＊

人工知能研究の第一人者マーヴィン・ミンスキーが1985年に出した『心の社会』（原題：The Society of Mind）は、人工知能の本でありながら、哲学書のように30章に分かれた270節のエッセイで構成されています。「心とは何か」「エージェントとは何か」についての深い洞察が展開されており、20数年経った今も、必読書と呼ばれ、多くの国の多くの研究者に読み継がれています。

『心の社会』では、会話をするとき、人は話す前にすべて決めているわけではなく、複数の会話の可能性、複数の会話の枝分かれ、複数の言葉の中から、瞬時に選びながら話をしていることが説明されています。これは、まさに現代のスマートスピーカーにおける会話の組み立て方そのものです。

本書は、一般的な技術書とは少し違います。スマートスピーカーのためのプログラミング指南書ではありません。また、スマートスピーカーの使い方を説明した本でもありません。言葉と、言葉による体験について、さまざまな知見とノウハウ、考え方、さらには会話の組み立て方などが書かれた本です。私が手がける、UXデザイン、UX戦略、UXライティング、デザインスプリントと呼ばれるワークショップの中から得られた、音声UXに生かせる知見、法則を、数多く盛り込みました。

教育の世界でよく引用される名言に「すぐに役立つことは、すぐに役立たなくなる」というものがありますが、私もまさにそのとおりだと思います。本書に記載し

た内容が、「今日明日、すぐに役立つ」と思える業種の人は少ないかもしれません。けれども、すぐに役立たなくとも、末長く変わらず役立てられる内容だと自負しています。

各社から数多くのスマートスピーカーが登場し、さまざまな活用が進む中、今はまだユーザーも、「どう話せばVUIに正しく聞き取ってもらえるのか、意図を正しく伝えることができるのか」と考えながら話すことが多く、うまく聞き取ってもらえず、がっかりすることもあるでしょう。VUIは、まだまだ進化の途上にあると考えられます。家電や車、家や家具など、今はまだ話さないことが大半のデバイスが、近い将来、たくみに話し始めるケースも増えてくることでしょう。

テクノロジーの世界では、必ずしも性能の良い、優秀な技術が生き残るとは限りません。そうした中にあっても音声デバイス、音声インタフェース、音声による体験は、今後、増えることはあっても、減ることはないと考えられます。我々が普段使っている言葉は、何十年もかけて少しずつ変化していきます。一時的な流行り言葉もありますが、言葉そのものが急激に変化することはありません。そういった言葉を取り巻く環境を考えると、音声UXに関するノウハウは、相当長い間、生きていくと考えられます。

辞書であれば、十数年かけて改訂版が作られ、1万語前後の項目が追加されるケースも多々あります。言葉には世代間での違いがあり、経済活動や人の移動などの影響によっても変化していきます。現代語、カタカナ用語、人名や、ニュースで取り上げられるようになった新しい言葉、自然科学の発見、時代ごとの流行り言葉。さらに、既存の言葉が新しい意味で使われるようになることもあります。一方、使われなくなったからと、掲載されなくなった言葉はそれほど多くないようです。

スマートスピーカーは一見、新しいもの好きを対象とした特異なデバイスであるかのように思われがちですが、実際の普及率や購買層を知ると、実はとても広い範囲の多くの人たちに使われていることがわかります。たとえば、スマートフォンがあまり使いこなせていない高齢者にも、スマートスピーカーは優しく寄り添ってくれます。同じことを何度も聞いても腹を立てたりしません。忘れそうなことを代わりに覚えてもらったり、音声でお願いするだけで孫とも通話できるのです。現在は

家庭での使用が主流ですが、今後はオフィスや店舗など、より広い分野に広がっていくことでしょう。

　本書は、音声ユーザインタフェース、音声テクノロジーによる体験に関わるすべての方に読んでもらいたいと考えて執筆しました。具体的には、自動車や家電の音声テクノロジー、もちろんスマートスピーカーやスマートフォン、さらに、これから新しく登場するであろうデバイスにおいて、「音声」にまつわるプログラムや、スキル、サービス、アプリなどに携わる方々です。

　必ずしも最初から最後まで順にすべて読んでもらう必要はありません。まずはどんなことが書いてあるのか、ぼんやりと記憶しておいていただき、何か困ったとき、指針を求めるときに、思い出して読み返していただけるとありがたいです。

　世界中にさまざまな言語がありますが、テクノロジーの恩恵で、情報の格差、言語能力の格差の問題は、今後、解消されていくでしょう。ロボットが話すようになり、家電が話すようになり、いつの日かスマートフォンやパソコンが一般的な存在でなくなる日がやってくるかもしれません。けれどもそのような日常がやって来ても、音声インタフェースは残っていくのではないでしょうか？

　そう考えると、この本を手に取った今日から、音声に関する知見を深めていって損はないと考えるのです。

2020年11月吉日

安藤 幸央

目次

第3章 音声／会話サービスにおけるキャラクター設定の考え方　49

第4章 声によるおもてなし、ホスピタリティ、信頼の作り方　67

第5章 命令ではなく、会話としてやりとりする方法、原則、デザインパターン　　87

第6章 Voice UI として守るべきUX　　101

第7章 対話の設計、会話デザインの仕方、台本の書き方　113

第8章 会話サービスを考えるときに役立つツール、マインドマップの活用法　143

第9章 さまざまな環境で活用されるVUI　　　　157

コラム目次

【VUI/VUXのヒントになるお薦め書籍】

【VUI/VUXに関する情報源】

第 1 章

音声、会話とはそもそも何であるのか？人は正確に質問できないという課題

グライスの「協調」に関する4つの原則

　VUI (Voice User Interface) は、人と人のコミュニケーションが最新テクノロジーによって模倣されているものと考えることができます。英国の哲学者、言語学者のポール・グライス氏は、言葉に関して深く考察し、人間が会話の中で無意識または意識的に行っている原理を定義しました。それによって「文字どおりの意味」と「含みをもった言葉」との違いを明らかにしたのです。

　その定義とはポール・グライスが示した「協調原則」です。これは言葉の表現が果たす役目を説明したもので、適切な会話のための指針となる原則です。いくぶん古い考えと思われるかもしれませんが、グライスの会話の原則は、まさにVUIの原則とも合致するのです。

◎ ポール・グライスの協調原則

- 量（Quantity）
  - 求められているだけの情報をもつ会話をせよ
  - 求められている以上に情報をもつ会話をするな
- 質（Quality）
  - ウソだと感じていることを言うな
  - 十分な証拠がないことを言うな
- 関係（Relation）
  - お互いの信頼、関連性を築け
  - 関係のない会話をするな
- 様態（Manner）
  - 曖昧な表現を避けよ
  - 複数の意味、複数の解釈をもつ言い回しを避けよ
  - 簡潔に。同じことを伝えるとしても、もっと簡潔な言い回しがあるはず
  - 順序立てて会話せよ

グライスの協調原則

　人と人との会話であれば、上記の協調原則から多少ずれていたとしても会話の中で少しずつ修正され、お互いが歩み寄りながら会話が進んでいきます。言葉の真意や意図する内容が合致するよう、両者が補足したり、曖昧な表現を避けたり、質問したりしながら順序立てて会話していくのが普通です。また、顔を見ただけで信頼に足る人物なのか、疑わしい相手なのか。いつも話している知り合いなのか、家族なのか、詳しいことは説明しなくても伝わる相手なのかといった要素も会話に関係してきます。

　一方、会話の相手がスマートスピーカーやスマートフォンなどVUIの場合はどうでしょう？　信頼関係が完全に構築される前に会話が始まり、会話でお互いが歩み寄るのもなかなか難しいことです。だからこそ、VUIとしては曖昧な表現を避け、順序立てて会話し、求められている量の発言で物事を伝え、必要な情報を引き出していかなければなりません。つまり冗長すぎず、適切な量の適切な距離感と協調性をもった会話が求められているのです。

　さらに、ここで紹介した協調原則をあえて破ることで、印象深い会話にしたり、記憶に残りやすい違和感を生じさせるといった高度な手法もあります。

　人間は人との会話の中でいろいろなことを考えながら発話しています。最初からすべての事柄を台本に書かれたセリフのように覚え、それを一句違えず会話しているわけではありません。VUIが人と自然に会話するには、人がどのように協調しながら会話を進めているのかを詳しく知り、人の振る舞いを真似しながら会話を進めていく必要があるのです。

※　参照　Wikipedia「ポール・グライス」
　　https://ja.wikipedia.org/wiki/ポール・グライス
※　参照　Google「Learn about conversation」（協調原則について解説している）
　　https://designguidelines.withgoogle.com/conversation/conversation-design/learn-about-conversation.html#

できること、できないことを明確に

　スマートスピーカーを始めとする各種VUIプラットフォームの実装レベルが上がり、使いやすくなればなるほど、人間が錯覚を起こす傾向があります。スマートスピーカーには言葉を話す形でお願いができるため、相手を「機械」ではなく「人」だと思って会話してしまうのです。

　音声合成の品質が向上し、ちょっとした会話であれば人が話しているのとほとんど違いがわからないほどの滑らかな音声合成が可能になってきています。スマートスピーカーの回答はまだ少しぎこちない印象がありますが、それにもだんだん慣れてきます。

　比較的スムーズな抑揚、スムーズな言い回しで会話が進むと、たとえそれが合成された音声で、相手が機械だったとしても、人間はその相手が言葉を理解する「人間」なのだと勘違いしてしまいます。頭では「機械」だとわかっていても、直感では「人間」だと感じているため、人と同じような対応や返答を希望してしまうのです。

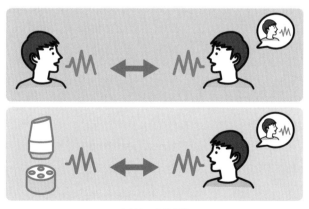

人対人、人対VUI

　こういった背景によってVUIに対する人の期待値は大きく変動するので、VUIではできること、できないことを明確に提示しておく必要があります。大前提として考えられるのは次のような方針です。

- 何ができるのか役目を説明しておきます
- 目的、役目を欲張りすぎないようにします
- 会話が理解できること、言葉が認識できることを前提とするのを避けます。失敗を前提に考えます
- 意地の悪い会話、ピント外れの会話にも対応します

　質問の仕方には、オープンクエスチョンとクローズドクエスチョンという2種類があります。自由に返答できるような質問と、二者択一で解答を導くような質問です。例えば「何かやりたいことはありますか？」と聞けば、その先の回答は多種多様となる可能性があり、それらの回答の全部に対処することはとても難しいと考えられます。けれども「音楽を流しますか？」という質問であれば、その先の回答が「YES／NO」または「はい／いいえ」さらに「かけて」「やめて」などいくつかの選択肢に絞られていき、それらへの対処を想定しておくことができます。

会話のカバーする範囲

　CUI（コマンドラインインターフェース）、GUI（グラフィカルユーザーインターフェース）の時代であれば、コンピュータがもち合わせている選択肢をユーザーに提示し、ユーザーはその中から適切なもの、適切な操作を選ぶしかありませんでした。ところが「言葉」をインターフェースにしたことによって、人が人にお願いする感覚に似た操作となり、機能を限定する要素がなくなったため自由度が大きく増してしまったのです。

　子供が親に怒られるように「あれしちゃダメ」「これしちゃダメ」と言われると、とても嫌な感じがするでしょう。また、「何でもお願いしていいよ」と言われたので実際にいろいろお願いしたのに、「それはできません」「それはわかりません」と言われるのもがっかりしてしまいます。

　VUIでは、期待値を適切にコントロールしつつ、期待させすぎず、がっかりさせずに、ユーザーがやりたいこと、知りたいこと、お願いしたいことを導く必要があるのです。

　スマートスピーカーを購入すると、そのパッケージには、どうやって声をかければいいのか、何をお願いできるのかをシンプルに明示した事例がいくつか記載されています。初めて利用する人でも、それらの事例を真似すれば、的確なお願いの方法を試してみることができます。一度試して、適切な回答や対処が得られれば、ユーザーはそれに満足し、ほかのお願いをいろいろと試すための心理的障壁がなくなります。よくできたVUIは、会話の前から体験が設計されているのかもしれません。

小さくても便利	まずは話しかけるだけ	声だけで簡単操作
調べ物ができる	"一番近い花屋はどこ？"	スピーカーで音楽を楽しむ
日々のあらゆる場面で役立つ	"今日はどんな日？"	遠隔音声認識
お気に入りのエンターテイメントを楽しめる	"今日の予定を教えて"	学習し進化する
スマートホームを音声で操作できる	"ヒップホップを再生して"	
	"リビングの電気を消して"	
	さまざまな活用方法については xxxxxx をご覧ください	

スマートスピーカーのパッケージに記載されている説明文の例

言葉だけでは実は7%しか伝わらない。 ならばVUIではどうするか

　スマートスピーカーなどによる音声コミュニケーションでは、その基本となる媒体は音声です。電話での通話と同様、身ぶりや手ぶりは伝わらず、顔の表情もわかりませんが、音声だけでどの程度、意図やニュアンスが伝わるのでしょうか。

　例えば、「実際に人と人とが向かい合って話し合う会議（Face to Faceと呼ばれる）」、「カメラやテレビを活用した映像と音声を共有するテレビ会議」、「カメラの映像はなく、音声のみによる電話会議」、「チャットを活用した文字と絵文字だけのディスカッション」を思い浮かべてみてください。

　テレビ会議や電話会議では、なかなか物事が伝わらずもどかしい思いをしたことはないでしょうか？　人間は視線や表情、しぐさや態度、口調や声質などさまざまな様子から、口に出されていない相手の想いや考え、嘘や怒りなどを読み取ります。

　慣れや、事前にどれだけの情報を共有しているかに影響されますが、言語、聴覚、視覚の情報が減れば減るほど、コミュニケーションは難しくなっていきます。例えば、音質の良い電話会議と音質の悪い電話会議では、伝わる情報も共有できる内容も雲泥の差があることは比較するまでもなく明らかでしょう。

　プレゼンテーションや発表のときに、いかに言葉だけでなく身ぶりや手ぶり、声や口調などかが大切かということを主張するために、「メラビアンの法則」が引用されることがあります。メラビアンの法則とは、「コミュニケーションにおいて人間は言葉そのもの以外にもさまざまな事柄から物事を感じ取っており、言葉本来の意味だけで人に与える影響は実は7%しかない」という1970年代に米国の心理学者アルバート・メラビアン氏が提唱した法則です。

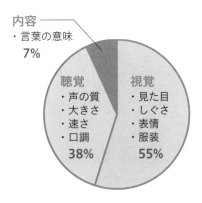

内容 ——
・言葉の意味
7%

聴覚
・声の質
・大きさ
・速さ
・口調
38%

視覚
・見た目
・しぐさ
・表情
・服装
55%

メラビアンの法則で示された言葉とそのほかの割合

- **7%**：言語 Verbal（内容、言葉の意味）
- **38%**：聴覚 Vocal（声の質、大きさ、速さ、口調）
- **55%**：視覚 Visual（見た目、しぐさ、表情、服装）

　メラビアンの法則を重要視するあまり、「だからプレゼンテーションでは服装や身ぶり手ぶりが重要だ」「腹式呼吸ではっきりと声を出そう」などと言われたりしますが、これらには法則の真意から少しずれた誤解が混じっています。

　メラビアンが法則を導き出すために行った実験は、ある単語を聞いた人がその意味を受け取る際に「言葉そのもの」「耳から入ってくる情報」「表情や身ぶり手ぶりなどの視覚情報」のどれを優先するのかといった調査でした。口に出している言葉と身ぶり手ぶりが異なっている場合、例えば、口では「楽しかった」と言っているが表情が暗くだらけた様子だった場合、口では「怒っている」と言っているが顔はニコニコ、身ぶりや手ぶりも楽しそうといった場合、言葉そのものとそれ以外とどちらを信じるのか？ どちらに重きを置くのか？ といった内容を調査したのです。

　具体的には、まず「好意的な表情」「嫌悪的な表情」「中立的な表情」といった異なる表情の写真と、「honey」「dear」「thanks」という言葉を「好意的な口調」「嫌悪的な口調」「中立的な口調」で録音した音源を用意しました。そして、そこからどういった印象を受けるかを実験して調べました。

　メラビアン氏自身も、一般的なすべての状況について、声質と身ぶり手ぶりの有用さを正確に数値化するのは難しいと考えているとのことで、メラビアンの法則の数字が一人歩きしている感も否めません。さらに、この実験の再現性も低く、扱う言語によっても結果や印象が異なることがわかっています。

　そうは言っても、ひとつ明確なことがあります。それは「言葉の意味」そのものだけでは、細かなニュアンスも含めた内容が、すべて伝わるわけではないことです。よく知った人同士の面と向かったコミュニケーション、それも口調や表情、身ぶり手ぶりを含めて何かを伝えようとしている状態と、スマートスピーカーによる誰の声かもわからない声、抑揚に違和感のある合成音声で言葉を読み上げられる状態とでは、伝わる情報、伝えられる情報に大きな差があるということを示唆しています。

　メラビアンの法則を踏まえた上で、VUIを考える際には、次のようなポイントを考慮する必要があります。

- VUIの企画立案やテストの際は、人の声によって平易に試すのは良い方法ですが、そのときに顔や身ぶりは見ないようにします
- 言葉だけでは誤解が生じる可能性を考え、聞き間違い、意味の取り違えを回避できるよう考えます
- 表情や身ぶり手ぶりがないからこそ、意図的に「うれしかった」「楽しかった」など感情を言葉で表現します。または逆に、安易に感情を言葉にしないようにします
- 言葉にしなくても伝わると思われがちなことを、はっきりと適切な順序で言葉で補足するようにします

　メラビアンの法則に踊らされることなく、VUIという新しい領域に関する知見を蓄えていくことが必要だと考えます。さらには、VUI時代の新しい法則が必要とされているのかもしれません。

※　参照　"Decoding of Inconsistent Communications", Albert Mehrabian, Morton Wiener, *Journal of Personality and Social Psychology*, 1967. P109-114 より
※　参照　10 章（「097　背中合わせのテストが生み出すスムーズな会話」）で詳しく紹介します

SF映画の中に出てくるVUI

　未来的なテクノロジーを描いたSF映画、SFドラマの中には、音声インターフェースで動作するコンピュータが数々登場します。ここではそれらを見ていくことにしましょう。

　22世紀から24世紀の未来を描いたSFドラマ「スタートレック」では宇宙船の艦内で「コンピュータ！」と声をかけると、何でも答えてくれる艦載コンピュータが登場します。このスタートレックを意識しているかどうかはわかりませんが、Amazon Alexaのウェイクワード「アレクサ！」を「コンピュータ！」に変更することが可能です。ほかにも「アマゾン」「エコー」にも変更可能ですが、日常会話で一般的に使われる言葉をウェイクワードにすることはあまりお勧めされていません。

◎ ブレードランナー (1982)

　エスパー・マシンと呼ばれる、1枚の写真を拡大したり、写真に写っていないところに回り込んで見ることができる不思議な装置が登場します。

　この装置は、音声コマンドを使用して、右に2マス、左に、拡大、などと声で操作します。操作に無意味な会話は、操作に影響を与えずに無視されるのがポイントです。命令調で操作し、「右に動いて」などのお願いではなく「右」という単語だけで指示しているのが特徴です。

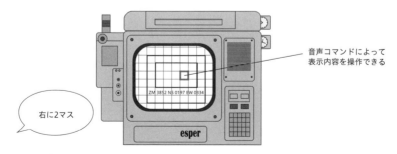

ブレードランナーに登場した音声で操作できる画像解析マシン：エスパーマシン

◎ ロスト・イン・スペース (1998)

　武器の使用許可を音声の声紋認証で行います。現実世界では、家族だと声質が
よく似ている場合も多く、完全な声紋認証には高度な技術が必要です。

◎ スタートレック (2009)

　ロシア訛りの操縦士の発音が宇宙船艦内の音声認証に聞き取ってもらえず、何
度も言い直すシーンが登場します。

◎ 2001 年宇宙の旅 (1968)

　何でも返答してくれる賢い宇宙船載コンピュータHAL9000。会話は滑らかです
が、とても無機質、機械的な印象を強く受けます。最後のシーンでコンピュータの
能力が落ちていくにしたがって会話がたどたどしく、会話がゆっくりとなっていく
のが印象的です。

◎ 銀河ヒッチハイク・ガイド (2005)

　宇宙船載コンピュータとフレンドリーな会話が繰り広げられ、ときには無意味な
発話や冗談も飛び出します。実用一辺倒だった宇宙船載コンピュータに人間味を
感じさせる演出でした。

◎ her/ 世界でひとつの彼女 (2013)

　姿は見えずヘッドセットで会話をしている恋人役の人工知能が、実は自分だけで
なく何千人も相手にしていることを知ってショックを受ける登場人物が描かれてい
ます。

◎ ナイトライダー (1982)

　良き相棒としての音声インターフェースをもつ車載コンピュータが登場します。
ときには励ましたり、冗談を言ったりします。

◎ ウエストワールド (2016)

　人間の欲求なら何でもかなえるというテーマパークに住む人造人間が、自分を人
造人間だとは思っていなかったのに、タブレット端末で自分の言おうとしている言

葉の選択肢を見せられ、愕然とする様子が描かれています。

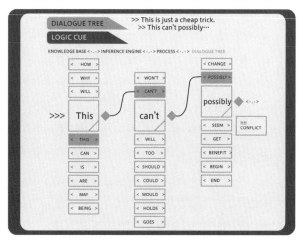

人造人間が会話中に言葉を選んでいる様子

　これらの映画やドラマで描かれている音声インターフェースは、本物の人工知能ではなく、人間の声優が発話して演技しているため、どんな会話も台本どおりに可能です。こういった映像で描かれている音声インターフェースから読み取れるのは、次のような要素です。

- 「わかりません」「もう一度おっしゃってください」などと言わない、完璧に対話できる音声インターフェースは、現代においても十分、未来的に感じられます
- 人間が利用できる音声コマンドをあらかじめ覚えておくことで、スムーズに操作しているように見えます
- 語彙や、ボキャブラリーを限定することで、認識率を上げ、選択肢や操作を限定することができます
- 方言や訛りも認識できるに越したことはありませんが、人によって、または同じ人でも状況によって、声質や喋り方や抑揚、喋る速さ、言葉遣い、使う単語はまちまちであり、それらに対応する必要があります
- さらに、会話の丁寧さや命令口調、冗談口調など、対話の相手に応じた返答内容になっています。礼儀を重んじ、相手の会話を遮らないなど、実社会での言葉遣い、礼儀正しい振る舞いが反映されています

　映画やドラマに出てくる音声インターフェースは、どんな状況でも必ず反応するのも特徴です。無言で対応されると映像の中で何が起こっているかわからないため、わざわざ、わかりやすい演出にしているとも言えます。そこからわかるのは、現実世界においても無言での対応とちゃんと返事をしてからの対応では、印象が大きく異なるということです。

　映像は、人によって違う場所を見ていたり、見逃したりすることがありますが、それに比べて音や会話は、耳の機能を意識的に遮断することはできないので、いつも耳に入ってしまう、感覚としては特殊なものとして扱われているのです。

※　参照　『SF 映画で学ぶインタフェースデザイン ―アイデアと想像力を鍛え上げるための 141 のレッスン』ネイサン・シェドロフ, クリストファー・ノエセル 著, 安藤 幸央 監訳, 丸善出版, 2014

COLUMN　VUI/VUX のヒントになるお薦め書籍　その①

● 『言い間違いはどうして起こる？（もっと知りたい！日本語）』
　寺尾 康 著, 岩波書店, 2002

　「言い間違いがなぜ起こるのか」を、多くの事例をもとに説明してくれる書籍です。「言葉を話すときに私たちの頭の中で何が起こっているのか？」「どのようなメカニズム、要因で誤りが引き起こされるのか？」などが説明されています。

　本書によると、言い間違いには、「意味や概念の取り違い」「語彙の間違い」「音韻の間違い、入れ替わり」など、いくつか異なる構造的な要因が存在しており、これらが単独または相互に影響しあったり抑制しあったりして、言い間違いを引き起こしているということです。具体的には「『てにをは』を間違えたもの」「不適切な省略によって意味がわからなくなっているもの」「（幼児にありがちな）言いづらい言葉を言いやすい言葉に勝手に言い換えてしまうもの」「聞き取りづらい言葉を間違って覚えているもの」など、さまざまな言い間違いの要因について説明されています。

　この本には、言い間違いを避けるための具体的な方法は記載されていませんが、「人はどう言い間違いするのか」「どのような言い間違いが起こりやすいのか」を把握することで、VUI のデザインに活かせる知見があるのではないかと考えています。

音声に関する短期記憶と長期記憶

　普段、人との会話の中でどれくらい記憶を呼び起こしながら、または会話を覚えようとしながら話をしているでしょうか？ スマートスピーカーの利用の際にはどのくらいの記憶を呼び起こしながら、どのようなことを覚えながら利用しているのでしょうか？

　人間の記憶の仕方には短期記憶と長期記憶があります。すぐには思い出せなくとも長い期間忘れずに覚えている記憶と、短い時間だけ覚えて利用が終わるとすぐに忘れてしまうような記憶です。例えば、どこかに電話をかけるためそのときだけ空で番号を覚え、電話をかけたとたんに忘れてしまうような記憶、暗証番号やパスワードのようにずっと覚えていられるような記憶、あるいは忘れたくても忘れられないような記憶など、記憶にもいくつかの種類があります。

　VUIの場合は、操作中、利用中は会話に集中するため、なかなかそのほかの事柄を覚えておくことができません。例えば「AからGの中から該当の項目を選んでください。Aは○○、Bは○○、……Gは○○。それではどれを選択しますか？」と言われても、よっぽど集中するか、何かにメモしながら聞いているのでない限り、すべてを覚えておき、その上で正しく回答するのはとても難しいことです。まれに聞いたことすべてを正確に記憶していられるような驚異的な記憶力の人もいますが、たいていの人はその場で聞いたことを記憶する数、量には限界があります。

　心理学者のジョージ・ミラー氏によると、短期記憶は7個±2個（5〜9個）と言われています。最近では短期記憶は4個の塊であり、容量限界は3〜5個という認知心理学者ネルソン・コーワン氏の説もあります。

　電話番号や、宅配便の再配達の番号などが4桁区切りで表記されているのも、それらの数字を覚えやすく、短期的に忘れにくくするような工夫です。

　7というのはマジックナンバーです。七つの大罪、虹の色は7色、世界の七不思議、1週間は7日で構成されていたり、7で区切られているものは多数あります。

　ものの覚え方として年号や電話番号などは語呂合わせで覚えるほかに、何らかの物や場所を思い浮かべ、それに当てはめて覚えていることもあります。短期記憶は

必要に応じて長期記憶へ移ることがわかっており、英単語の勉強のように、反復することで記憶は強化されます。また長期記憶は、宣言記憶と手続き記憶の2つに分けられ、さらに宣言記憶はエピソード記憶と意味記憶に分けられます。

- エピソード記憶（出来事や、体験した記憶）
- 意味記憶（言葉の意味など、社会的に共通の記憶）
- 手続き記憶（何回も体験し、身体が覚えた記憶）

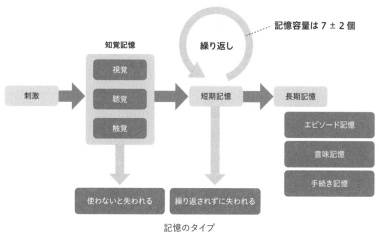

記憶のタイプ

　VUIにおいては、人間の短期記憶の限界を知った上で、その記憶を利用するのが適切です。できればわざわざ何かを覚えておくことなく利用できるものを考えなければいけません。長い質問や同時に複数の質問をされると、最初のほうの内容を忘れてしまう状況は、どんなに頭の良い人にでも起こります。VUIでは何かを覚えていることに期待せず、必要最小限の記憶で、会話そのもので必要事項を示しながらユーザーを導くことが必要なのです。

※　参照　Wikipedia「ジョージ・ミラー（心理学者）」
　　https://ja.wikipedia.org/wiki/ ジョージ・ミラー（心理学者）
※　参照　"The magical number 4 in short-term memory: A reconsideration of mental
　　storage capacity", Nelson Cowan, *Behavioral and Brain Sciences*, 24, 2001
　　https://philpapers.org/rec/COWTMN
※　参照　Wikipedia「記憶」
　　https://ja.wikipedia.org/wiki/ 記憶

006

言葉は太古から人間が使ってきた
コミュニケーション手段

　VUIやスマートスピーカーの利用は、最先端のテクノロジーのように思えるかもしれません。けれども声を使ったインターフェース、音声コミュニケーション自体は、人間が太古の昔から自然と利用してきた方法です。

> 　会話は新しいインターフェースではない。最古のインターフェースである。会話は人間が互いにやりとりする方法であり、そこには数千年という歴史がある。私たちは、デジタルシステムを簡単で直感的に使えるものにするため、人と人の会話と同じ原則を使えるようにすべきだ。結果として、機械が私たちのルールに沿って動作するようになることで、それを実現しなくてはならない。
>
> ── エリカ・ホール（会話デザイナー）※抄訳は著者

　VUI以前、CUI、GUIの時代は、操作のために人間がコンピュータに合わせる必要があり、人間側がいろいろなことを覚えてコンピュータを利用していました。一方、VUIの時代では、コンピュータの側をできるだけ人間に合わせて、人間の会話を理解してもらうのです。人間側には無理強いをさせず、「自然体で話すだけで、本来やりたいと考えていたことをコンピュータに伝え、実行させる」という流れや考えが実現できる技術レベルに、ようやく到達しつつあるのです。

　VUIを考える際、従来型の発想から大きく転換が必要になるのは、コンピュータが主なのか、人間が主なのかという点です。これはコンピュータの操作を人間が使いやすく、間違いにくいものにしようというユーザービリティの観点とは異なります。そもそもの発想、立ち位置の反転が必要です。人が何かしたい、何かを得たいと思ったときに、誰に何とお願いしてそれを実行してもらうのか？　そのようなとき、事細かに作業指示を出すのは面倒なもので、何かひと言、ふた言、話しただけで、その人を取り巻く状況や、過去の事象を振り返り、今やるべきことを実行してくれるのが理想です。さらにこれを推し進めると、何も言わなくても先回りしてコ

太古の昔のコミュニケーション手段、現代人のコミュニケーション手段

ンピュータが実行してくれてもよいと考えられます。

　つまりは、コンピュータ側でできることを、人間に選んでもらったり操作してもらうだけではVUIは成り立たず、人間が本来やりたいことを、VUIを介して最小の労力で的確にコンピュータに伝えられるようにするというのが、これからのVUIの基本的な考え方になるのです。

※　参照　「Finding a Voice for Design in Voice UIs」
　　https://www.subtraction.com/2017/08/29/finding-a-voice-for-design-in-voice-uis/
※　参照　"Conversational Design" Erika Hall, A Book Apart, 2018
　　https://abookapart.com/products/conversational-design

知らないことは質問できない

　子供の頃、「どうして？」「なんで？」「なぜ？」と周りの人を質問ぜめにしたことはないでしょうか？　子供の頃は自分の知らないさまざまなことを質問し、理解しようとしますが、大人になるとなぜか質問するのが恥ずかしくなったり、自分の知らない事柄については、何をどう質問すればよいのかわからず、適切な質問ができなかったりします。はたまた新しい概念や新しい情報を既知の知識や経験に無理やり当てはめて、「これってこういうことですよね」と勘違いして理解してしまう場合もあります。

　質問というのは難しい発話行為の1つです。それも簡潔で的を射た適切な質問というのは実はとても難しく、もしかしたら回答するよりも適切な質問をするほうが難しい場合もあります。

　スマートスピーカーに対する質問は、人に対する質問以上に、よくわからないことが数多く存在します。

　どういうことを話せるのか？　聞いてもらえるのか？　何を選べるのか？　何をしてくれるのか？　どういったサービスやアプリ（スキル）が存在するのか？　うまくいかないときにどうすればよいのか？　どうやって必要な機能を呼び出せばよいのか？　どうやって終わればよいのか？　などです。

　従来型のデジタル機器であれば「説明書を読んでください」といった逃げ道もありますが、スマートスピーカーの場合はそうも言ってはいられません。会話のやりとりだけで「理解」を成立させなければいけないのです。

　人と人の会話では、質問しやすくするために、次のような工夫が考えられます。これらの工夫はVUIにもそのまま取り入れることができるでしょう。

- 質問に対する心理的障壁を下げます。何でも質問し、何でも回答してもらえると思わせます
- 適切な言葉、用語を知ると、適切に質問できるようになります

- 専門用語を知らずとも、その人の言葉で話せるようにします
- 目の前の事象だけでなく、本来何がしたいのか、目的を一緒に説明することで真意を伝えられます
- 質問と回答の組み合わせの認識のズレがなく、回答が正しいのかどうかを確かめられるようにします

VUIの対応も、親切な回答者をイメージし、何でも話せる、わからないことを優しく教えてくれる。質問がつたないときもうまく導いてくれる、回答が求めるものだったかどうかを確認してくれるといった「良き回答者」を考えるとよいでしょう。

ここで紹介した「質問がつたないときにうまく導く」という工夫は、人と人の会話では、自然に行われます。もともとの質問が情報不足の場合、回答者が逆に質問することで、さまざまな情報を得て、もともとの質問の意図や、趣旨、欠けている情報を補った上で、回答を進めていきます。情報が少ないからといって責め立てている印象を与えず、適切な質問へと導くのは人間にとっても大変なことです。当然、VUIでも多種多様な導き方が考えられます。まずは、質問者に優しく寄り添うといった立場で、会話を成り立たせ、必要な情報を段階的に取得するといった流れが考えられます。

COLUMN VUI/VUXのヒントになるお薦め書籍　その②

- 『サウンド・ビジネス ―「音」から価値を生み出す新手法』
  ジュリアン・トレジャー 著, 元井 夏彦 訳, ヤマハミュージックメディア, 2011

空間における音や音楽、電化製品等の発する音などについて詳しく取り上げた書籍です。自然音から人工音まで幅広い音の影響について考察し、さらに、音のブランディングに関する考え方も紹介しています。また、音のもつ性質や、人間の聴く能力に関しても細かな説明があります。

音のブランディングを考える際、ブランドに影響を与えている場所を洗い出す「サウンドマップ」という手法によって、音の表現、音による伝達、理解の促進や注意喚起、ほかとの差別化やコミュニケーションのための要素として音を整理することができます。

3Dサウンド、バイノーラル録音、ハイパーソニック、ノイズキャンセルなど最新の音響技術についても紹介があり、今後、さまざまな新技術を取り入れていくであろうVUIと音のブランディングについてのヒントを与えてくれる書籍です。

不自然ではない日常会話とは？

　日常会話はさまざまな要素で成立しています。あいづちやフィラー（参照：「054 言いよどみ、フィラーについて」）と呼ばれる言いよどみ、会話と会話の「間」。ときには言い間違えて言い直したり、言葉足らずでも強引に言い切ってしまったり。さまざまな要素が存在しています。もちろん話し方は個人差や世代によって異なりますが、同一人物でもさまざまな話し方をすることがあります。

- **会話の始めには理解の準備をするためのクッションとなる言葉が存在します**
  話し始めるときは、いきなり本題、本質の言葉を発するのではなく、何かしら前置きとなる言葉から会話を開始しています
- **専門用語を避けます**
  カタカナの専門用語を並べて賢そうに語る人もいるかもしれませんが、一般的には、話している相手が理解できる、相手が知っている言葉で話そうとします
- **確認するために復唱することがあります**
  自分が理解したかどうかを確認するために、相手が言ったことを繰り返すことがあります。その際、頭の中で理解を進めようとしていたり、考えを巡らせていたりする場合があります
- **何かを伝聞したり、思い出しながら話すときに欠落する情報があります**
  考えたり、思い出したりしながら言葉を発する場合、その作業に思考がひっぱられ、会話が遅くなったり、なかなか言葉が出てこなかったりします
- **話し言葉と書き言葉は異なります**
  読むために書かれた文章、会話を記述するために書かれた文章と実際のセリフは異なります。文章で読んだことをそのまま伝えたとしても、実際に口にする言葉や言い回しは異なります。目で読む会話と、実際に口で発する会話は、同じ「会話」だとしても異なるものです
- **黙読と音読は異なります**
  黙って文字を目で追うのと実際に口で言葉を発するのでは、頭が理解する内容は違います。口に出すことで初めて気づくことや間違った解釈、誤解、同音異

義語などが見つかることがあります

- **よどみなく話せる場合だけでなく、たどたどしくつたない会話や、そのつたない会話を補足するための言い直しや言い換えが生じます**
  必要な事柄を1つの文で全部言葉にできることはまれです。実際は何回かのやりとりによって、必要な事柄を伝えています
- **質問をするときは1つずつ。2つ以上は覚えていられません。回答も同様です**
  何かメモを読みながらであれば複数の事柄を一気にまくし立てることも可能ですが、たいていの場合、人は一度に1つずつの議題や話題に集中してしまうため、一度に複数の話題を取り扱うのは困難です
- **会話を要約したり、引用したりします**
  人は会話の最中に、その会話の内容を要約したり伝聞した別の会話を引用して取り上げたりすることができます。これは現在のVUIではとても困難です
- **辞書には載っているが実際には滅多に使うことがない、日常生活では使わない言い方が存在します**
  VUIでは「質問に際してYESかNOで答えてください」などのフレーズを使いがちですが、人間同士の会話でそんな質問の仕方がなされるのはまれです
- **個人的話題、プライベートな話題については簡単には話しづらくなります**
  機械的にフォーム入力するのであればためらわない事柄も、相手にまるで人間のような音声で応対されると、本当に言葉として発してよいのか、ためらうことになります

　何気なく行われている日常会話でも、上記の要素が含まれつつ会話が進んでいます。VUIにおいても、できるだけ日常会話に近いかたちでやりとりできるのが理想ではないでしょうか。

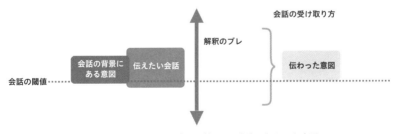

言葉とその背景、伝わる意図の範囲と、実際に伝わった意図

ユーザーの発話について提供者側が意識すべきこと、ユーザーが発話の際に意識すべきこと

日本語に限らず、多くの言語では同じことを伝える場合でも何通りもの言い方があります。何か伝えたいことがあって話し始めても、どの言葉が適切なのか悩んだり、適切な言葉が出てこなかったり、言い回しに悩んだりして、言葉に詰まってしまうこともあります。

喋り始める前に考えがまとまっている場合もありますが、話しながら考えをまとめて喋る場合もあります。中には考える前に口から言葉が出てくるタイプの人もいるかもしれませんが、念仏や演劇のセリフのように丸暗記した言葉でない限り、常に何かしら考えながら話しているのが普通です。

人に対する話し方ではなく、スマートスピーカーに対する話し方であれば、何もうまく素敵な話し方である必要はありません。必要な事柄を適切な順序で適切に伝えられれば、その目的は達成できます。表情や身ぶり手ぶりで伝えることができない分、意図に合った言葉を選び、何をどう話すのかを意識的に考える必要があります。

一方、受け手側はユーザーの発話について、次のような点を意識する必要があります。

- ユーザーの話には必要な要素がすべて含まれていないかもしれません
- どうしてほしい、どういう結果がほしい、どういう情報がほしいのか相手の立場で話せていないかもしれません
- 話している事柄の順序が正しくなかったり、入れ替わったりしているかもしれません
- 言葉、用語は正しく使われていないかもしれません
- 聞き間違いやすい同音異義語を使っていたり、言葉のイントネーションを間違って使っているかもしれません
- 数字、場所に関する具体的な言葉が抜けていたり、相手がすべて知っている前提で話を進めてしまい、伝えるべきことを伝え忘れているかもしれません

　頭で考えながら口で話す音声によるコミュニケーションと、文字を書いてやりとりするコミュニケーションは大きく異なります。これから話す文章を頭の中で一度作り上げ、頭の中で読み上げて確認してから口に出すような用意周到な場合もあれば、まずは最初の一言の口火を切ってしまってから、話しつづける場合もあるかもしれません。

　伝えたいことを話し始める前にはっきりとさせておくことがコミュニケーションでは大切ですが、スマートスピーカーに話しかけるときも、最初に一言、ウェイクワード（「106　ウェイクワードの存在」参照）を無意識に言いながら、話し出す言葉を考えている利用者が多いかもしれません。

　考えながら話す際、自分がわかる言葉で言い換えるのもコミュニケーションにおいてはスムーズに話しつづけるポイントです。例えばスマートスピーカーに対して今日の「気温」を教えてもらいたい場合、「温度」「暑さ」「寒さ」、場合によっては「気温」の上位概念である「天気」などでも、目的の「気温」に関する回答が得られます。

　人と人の会話と異なり、VUIは行間を読む、ここまでに話された背景や環境を加味して状況を理解するといったことが不得意であり、ストレートに本質を伝え、必要であれば何度でも同じことを言葉にして伝える必要があります。また感情や怒りをあらわにした言葉「早く○○して！」「ちゃんと○○して！」などと伝えても、適切に受け取ってはもらえないでしょう。

　VUIではユーザーが頭の中のモヤモヤをまとめてから発話することが求められ、それにはモヤモヤをまとめて発話するための対話が必要とされるでしょう。

モヤモヤをまとめ、選択肢の中から選んで発話する

話し方のクセと方言

　本人は意識していなくても、個人個人、話し方にはいろいろなクセがあります。生まれ育った土地の方言、その人がよく使う言い回しや、言い方、語尾などがあります。また、親しい間柄に限って使う言葉や省略語、くだけた言葉遣い、丁寧な言葉遣い、流行り言葉など、状況によっても話し方はさまざまに変化します。

　スマートスピーカーとの会話、VUIとの会話では、人は変な省略をしないで、丁寧に会話する傾向にあります。一方、うまく伝わらない場合にはきつい口調になったり、普段の話し方のクセが出てしまうこともあるでしょう。VUIとして万人にクセのない喋り方を求めるのは難しいかもしれませんが、クセのない喋り方をしてもらうように導くことは可能です。

- 何かを知っていないと話せないような前提条件をなるべくなくします
- 過度にくだけた話し方をせず、また逆に変にへりくだらず、丁寧に会話します
- 主語がわかりきっている事柄も、できるだけ省略せずに会話します
- 一般的ではない略語は使わないようにします
- 「これ」「あれ」「それ」などの指示語は、できるだけ使わないようにします

　また、VUIの会話設計の際に、設計者の話し方のクセが悪影響を及ぼす場合もあります。普段「少し」の意味で「ちょっと」という言葉を多用する設計者の場合、VUIでも「ちょっと」という言葉を気軽に使用してしまうかもしれませんが、これは誰もが使う言葉遣いではなく、少しくだけた言葉であることを自覚しておくべきです。

　会話がそのときの気分や状況に影響される場合もあります。過剰な自信のため何から何まで断定的な言葉遣いをしてしまう場合や、逆に不安なためにいつも曖昧な言い回しをしてしまう場合などがそれに当てはまります。さらに会話の端々に不満やネガティブな感情が乗ってしまう人もいれば、逆に会話のすべてが前向きで、過度にポジティブな言い方をする人もいるかもしれません。

　また、方言について考えると、さまざまな土地のさまざまな種類の方言があります。お笑い芸人や役者が話すような教わって話す方言もありますが、VUIで考えるべきパターンは次のような点です。

- 例えば大阪弁が体に染み付いているお笑い芸人のように、その土地を離れても常にその言い方で喋る場合
- 家族や家では地方の方言を使うが、仕事や知人との会話では標準語を喋る場合
- 方言として、語尾だけが異なる場合
- 言葉遣いそのものは標準語に近いが、その意味が異なる場合
    例：北海道の方言で「捨てる」ことを「投げる」と言うなど
- 言葉そのものは同じでも、抑揚やアクセントが異なる場合

　つまりはVUIにおいて、意識せずに方言を使ってしまう場合、方言とは知らずに方言を使ってしまう場合、方言しか使えない場合といった状況を考える必要があり、できるだけ柔軟に対応できるのが理想です。また、方言由来の言葉遣いは、年代によっても異なります。悩んだ際は標準語かどうかを確かめるために『標準語引き 日本方言辞典』を見るとよいでしょう。方言を詳しく調べたい場合は、『都道府県別 全国方言辞典』がお薦めです。

言う・居る・買う・着る・する・寝る・乗る

上げる・入れる・変わる・使う・運ぶ・負ける・止める
赤い・甘い・厚い・重い・暗い

書く・来る・住む・取る・出る・見る・読む
無い・濃い・良い

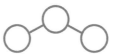

受ける・動く・起きる・思う・掛ける・残る・走る・見える
熱い・痛い・黒い・白い・強い・早い・欲しい・悪い

標準語の抑揚。これと違う言い方をしているのであれば、それは方言です

※　参照　『NHK 日本語発音アクセント新辞典』NHK 放送文化研究所 編, 2016
　　https://www.nhk.or.jp/bunken/accent/faq/
※　参照　『標準語引き 日本方言辞典』佐藤 亮一 監修, 小学館, 2003
※　参照　『都道府県別 全国方言辞典』佐藤 亮一 編, 三省堂, 2009

視覚優位者、聴覚優位者、言語優位者の3タイプ

人間には五感があり、何かを理解したり把握する際に、どの感覚を優先するのかは人や状況によって異なります。優先する感覚の影響は、記憶やコミュニケーションにまで及びます。また、優先する感覚によって、その環境で集中できるかできないか、疲労を感じるか、リラックスできるかは変化します。

例えば、ある人を思い出すとき、またはある風景を思い出すとき、何を優先的に覚えており、何を最初に思い出すでしょうか？ 色？ 形？ 音？ 声？ 匂い？

VUIにおいて、会話設計者として適性が高く、また利用者としても一番スムーズに利用できるのは言葉が感覚の首位にくる「言語優位者」です。言語優位者は思い描いた状況やお願いしたい事柄、自分の置かれている状況などを正しく明確に「言葉」で表現することができるからです。いわゆる「うまいことが言える」タイプの人です。「言語優位者」タイプの中には「読み書き」に長けたタイプの人もいます。メモに書いて記録したり、大量の文章から素早く的確に読み取ることができるようなタイプの人です。

つづいて、「聴覚優位者」もVUIの会話設計や利用者として長けた部分があります。話を聞いて理解したり、フレーズやセリフを覚えたり、同じ言い回しを平易に使いこなしたりすることができます。また「聴覚優位者」には音声を「言葉」で捉えるタイプと「音」として捉えるタイプがいます。

一方、「視覚優位者」は「目」からの刺激や情報に大きく影響を受けて物事を捉えます。場面や風景を映像として思い浮かべたり、思い出したりするのは得意ですが、それらをうまく言葉で伝えることができない場合があります。もちろん図示したり、描かれたものの間違いを見つけたりするのは得意です。

またまれに、嗅覚や触覚を優先する感覚として捉える人や、複数の感覚を複合的に処理できるタイプの人もいます。またそれぞれの感覚そのものも、同時に処理できるタイプの人と、逐次処理していくタイプ、さまざまな処理を素早く切り替えて処理できるタイプの人、ほかの感覚に切り替えて処理するのに時間がかかるタイ

プの人がいます。

　ここで述べたいのは、VUI会話の設計者、またはVUIやスマートスピーカー利用者が必ずしも全員同じタイプの感覚優位者ではないということです。例えば、「聴覚優位者」タイプの会話設計者が、自分自身ではわかりやすい長文の会話のやりとりを設計、デザインできたと考えていたとしても、それが「視覚優位者」タイプの人には会話が長すぎてうまく理解してもらえないかもしれないということです。また逆に、「視覚優位者」タイプの人であれば、少ない言葉で情景をイメージできたとしても、「聴覚優位者」タイプにとっては、もっと言葉で細かく説明してもらわないとわからない、といった事象もあるでしょう。

　ある感覚優位者がほかのタイプの感覚優位者になることは難しいですが、自分が優先している感覚を遮断させたり劣化させることで、その感覚を模倣することができます。

　例えば、視覚を遮ったり、遠くから見たり、目を細めて見たり、耳を塞いだり、小さな音で聞いたり、雑音の多いところで聞いたり、遠くから聞いたり、後ろ向きで聞いたり。自分のもっている感覚が、すべての人と同じではないという前提でVUIを考えることで、より多くの人に快適に使ってもらえるものになるでしょう。

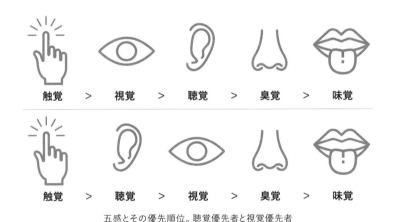

五感とその優先順位。聴覚優先者と視覚優先者

※　参照　『医師のつくった「頭のよさ」テスト 認知特性から見た6つのパターン』本田 真美 著, 光文社, 2012
※　視覚87%, 触覚9%, 聴覚0.9% という説もあり
　　参照　『ピーカブック ─ たのしい知識』松田 行正 著, 牛若丸, 2012

COLUMN VUI/VUXに関する情報源●お薦め動画①

　気に入った動画を見つけたら、チャンネル登録しておくと良いでしょう。英語字幕、自動翻訳字幕機能や、Otterという自動ヒアリングアプリが便利に活用できます。お薦め動画は6章の末尾でも紹介しています。

- WWDC 2020 / Evaluate and Optimize Voice Interaction For Your App
  https://developer.apple.com/videos/play/wwdc2020/10071/

- WWDC 2020 / Design high quality Siri media interactions
  https://developer.apple.com/videos/play/wwdc2020/10060/

- 24 Hours of UX - Geneva - Voice User Interfaces
  https://www.youtube.com/watch?v=JgNgp8LF-Ck

- VOICE Talks | Presented by Google Assistant | Ep 1 | Voice Technology & the Worldwide Health Crisis
  https://www.youtube.com/watch?v=YYgJF_GOEyQ

- VOICE Talks | Presented by Google Assistant | Ep 2 | Building for Voice First Experiences
  https://www.youtube.com/watch?v=WcaK6cpoYC8

- VOICE Talks | Presented by Google Assistant | Ep 3 | How Voice is Shaping Education & Entertainment
  https://www.youtube.com/watch?v=5NIVg2A2xtM

- VOICE Talks
  https://www.voicetalks.ai/

第 2 章

音声／会話サービスにおける、
話題の種別

VUIはCUI、GUIの進化系にあらず

　スマートフォンの操作など、現在主流のユーザーインターフェースはGUI（グラフィカルユーザーインターフェース）です。ボタンやメニューを、スマートフォンの場合は指で、パソコンの場合はキーボードとマウスやタッチパッドなどのポインティングデバイスで操作します。GUIが一般的になる前はCUI（コマンドラインインターフェース）が主流でした。CUIでは、英文字の組み合わせや英単語によるコマンドをキーボードで打ち込んでコンピュータを操作するので、あらかじめコマンドを覚えておく必要がありました。これらのGUI、CUIと音声インターフェースで大きく違う点は何でしょうか？

- CUI：あらかじめ操作、コマンドを覚えておかないと使えません。便利な機能があっても、コマンドを知らなければ、その機能の存在を見つけることが困難で、せっかくの機能も活用できません。一方、一度覚えると複数の操作を組み合わせて、素早く間違いなく操作できる利点もあります。過去に遡って操作を見返すことや、操作手順を自動化することも容易です

- GUI：複数の操作が一覧化されているので、その中から必要なものを選んで手軽に操作することができます。覚えていない操作や事柄であっても選択肢の中から見つけることができます。その一方、ボタンやメニューなどの部品が用意されていない操作は極端に難しくなったり面倒になったりします。多くの場合、明示されていなくても操作の履歴がアプリケーションに残っており、UNDO／REDOなどで、操作を元に戻したり、やり直したりできます

- VUI：コンピュータを操作するというよりも、人と会話する、人に何か言葉でお願いするという感覚に近いインターフェースです。できることできないことを音声だけで知るのは難しく、会話でそれを調べるのも困難です。また、会話や操作の内容を記憶したまま、次の会話、次の操作に進むのは容易ではありません。すべての情報が音声で提示されるため、複数の情報を一覧化することも困難です

　インターフェースとしては、CUIもGUIも、何かを媒介とした間接的な操作となります。一方VUIでは、操作する内容を直接的に伝えている感覚もありますが、正しく行動してもらえるよう、言葉だけを使って必死でお願いしているという、CUIやGUI以上に間接的な感覚もあります。ここで重要なのは、VUIはCUIやGUIの進化の延長線上にあるのではなく、全く違ったタイプのインターフェースであり、今までのインターフェースの安易な真似や焼き直しではうまくいかないということです。

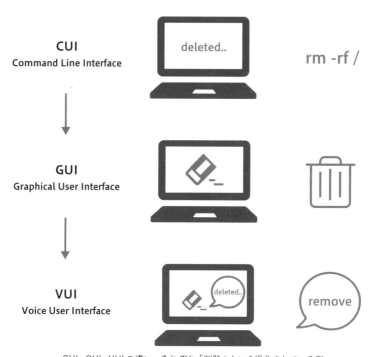

CUI, GUI, VUIの違い。それぞれ「削除」という操作をしている例

VUIにおける発話例の7パターン
Opening/Extra/Skip/Core/Chatter/Ending/Help

　VUIで何かをしようとしているとき、VUI側のコンピュータの発話も、操作する人間の発話もできるだけ自然であることが、スムーズな操作につながります。そこで、デザインコンサルタントのレシェック・ザヴァツキ氏がチャットボットのために考えた会話パターンを紹介します。VUIの会話、対話を考える上で大変役に立つパターン分類です。

　基本となる考え方は、「会話では最小限の必要なことだけを話しているわけではない」ということです。会話には、その始まりから一見余計に思えるさまざまな発話が付随しており、それらによって会話が最後までスムーズに流れていくと捉えています。この考えのもと、会話を構成する個々の発話が、次の6つのパターンに分類されています。

- **Opening：会話の始め、きっかけ**
  あいさつやサービスの紹介、話し始めるきっかけを提示します。質問で始まる場合もあります
- **Extra：特別な発話、普段あまりない事象**
  一般的ではない、サービスの根幹ではないような発話です。あまり利用頻度が高くない特別な事象に対しても、できるだけ会話として成立するよう配慮しておきます
- **Skip：次の事象、次の発話へ、選択して次へ**
  急いでいるとき、もう選択肢を決めているときなどは、長々と話されても困ってしまいます。さっと次に行ける手段、次の会話に導く手段を用意しておきます
- **Core：核となる大切な発話、主たる内容の発話**
  サービスや会話の主題、目的となる部分です。会話全体を配慮していないサービスの場合、このコア部分の発話しか用意されていない場合があります。もちろんコア部分の発話だけでも最低限の目的は達せられるのかもしれませんが、一般的に考えるスムーズな会話とは言えないことが多いでしょう

- **Chatter：雑談、会話を楽しむための発話**

  一般的な会話の中には、注意を引きつけるためにあらかじめ話しておく内容や、会話をスムーズにするために挟む言葉といったものが存在します。気の利いた小話や漫談をしてほしいわけではありませんが、適切な雑談というのはとても難しく、本来の目的から外れすぎないよう、配慮が必要です

- **Ending：会話を終えるための結び、失敗時の終了**

  人間同士の会話であれば、目配せ、手を振るといったジェスチャで会話が終了したことを把握できます。VUIの場合、音声や音のみでその会話が終了したことを明確に相手に伝えなければいけません。また、会話がうまくいかなかった場合も失敗したまま放置せず、失敗したことを伝えた上で適切に終了する必要があります

またザヴァツキ氏の分類には含まれていませんが、筆者はHelpパターンも必須だと考えています。

- **Help：ヘルプ、手助け、質問**

  操作に疑問をもったとき、操作がわからなくなったとき、初めて使うときに手助けしてもらえる流れが用意されていると安心です。これは必須となる要素ではありませんが、あらかじめヘルプ要素を用意しておくかおかないかで、使いやすさや印象に大きく影響すると考えられます

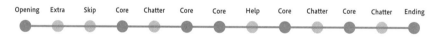

Opening　Extra　Skip　Core　Chatter　Core　Core　Help　Core　Chatter　Core　Chatter　Ending

Opening	会話の始め、きっかけ
Extra	特別な発話、普段あまりない事象
Skip	次の事象、次の発話へ、選択して次へ
Core	核となる大切な発話、主たる内容の発話
Chatter	雑談、会話を楽しむための発話
Ending	会話を終えるための結び、失敗時の終了
Help	ヘルプ、手助け、質問

会話の連続性、流れ

※　参照　レシェック・ザヴァツキ氏のブログ
　　https://medium.com/swlh/conversational-ui-principles-complete-process-of-designing-a-website-chatbot-d0c2a5fee376

014

VUIにおける回答の6パターン
Select/Complete/Number/Yes/Previous/Help

　人が人に質問する際には、オープンクエスチョンという回答範囲に制限がない、自由に回答できる質問形式と、クローズドクエスチョンという選択肢の中から回答を選んでもらう質問形式、つまり、「YES／NO」「はい／いいえ」など回答範囲に制限のある質問形式があります。VUIにおいても同様で、自由に回答できる質問と選択肢のある質問がありえますが、コンピュータ側の都合を考えると、回答の可能性と幅が限りなく広い自由回答形式よりも、選択肢のある、もしくは「はい／いいえ」で回答してもらえる制限のある形式のほうが扱いやすいのは確かです。

　ただし、実際の人と人の会話の中では、何かの質問に対して「はい／いいえ」だけで答えるようなやりとりは意外とありません。「はい／いいえ」だけだとそっけない感じもしますし、日常的な出来事の場合、「はい／いいえ」での回答を意図して質問したとしても、「はい／いいえ」だけの割り切った回答ができない場合は多いものです。

　では、コンピュータにも判別しやすく、人にとっても選択しやすい質問形式とは、どのようなものでしょうか？

- **Select**：事前に選択肢を与えた上で、その中から選んでもらう質問形式です。選択肢の数が多すぎるとそもそも選ぶのに悩んでしまったり、選択肢を忘れたりする場合があるため、せいぜい2つ3つくらいが適当です。言葉の長さや選択肢の複雑さにもよりますが、一般的には5つぐらいが選択肢の数の上限となります
- **Complete**：直前までの操作や目的が達成できたこと、これにて完了であることを問いかける質問の形式です。「操作が完了しました。終了してもよろしいでしょうか」など、人間からコンピュータへのフィードバックとして役立ちます
- **Number**：数字を回答とする形式の質問です。個数や数量はもちろんのこと、時間や選択肢の番号などの場合も考えられます。数字には「7（しち）」「7（なな）」など、複数の読み方があることにも配慮が必要です

- **Yes**：文字どおり「YES ／ NO」「はい／いいえ」で答えられるよう、選択肢を限定して質問するタイプです。ただし、回答者によっては回答が誘導されている、選択肢が狭められているなどの気持ちになりがちなので注意が必要です。また、実際の会話では、「Yes! But...」「はい。でも……」と否定の言葉が続くような場合もあり、単に「はい／いいえ」だけではない配慮が必要なこともあります

- **Previous**：次に進んだり、前に戻ったりという指示や回答を得るための形式です。その場合、時系列、何が先で何が後なのかを把握しておく必要があります。人間にとって前後関係は覚えておきやすい事柄の1つですが、無限に覚えていられるわけではないので配慮が必要です

- **Help**：単純に質問の意味や意図がわからなかったため、助けを必要とする場合の対応です。その際、そこまでの状況や質問の内容をいったん棚上げしてユーザーを手助けする場合があります。また、その手助けが終了したら、適切にもとの質問に戻ってくるという流れも必要です

　規定の枠組みに収められた回答しかできないよりも、その場で思いついた言葉で回答できるほうが便利に思えます。けれども的確な言葉で的確に回答するのは、適切な言葉を選ぶために考える時間が必要で、実はとても難しいことです。また、回答に複数の言い回しが存在することを予想し、さまざまな対応をあらかじめ用意しておかなければいけないのも設計上、頭を悩ます点です。オープンクエスチョン、クローズドクエスチョン、どちらがよいとかどちらが正解ということはありません。状況や選択肢の幅、回答者の気持ちを考えつつ、質問を組み立てていくとよいでしょう。

Select	Complete	Number	Yes	Previous	Help
A B C	Done OK	1 2 3 4 5	Yes No	Next Previous	Help Return

回答のパターン例

音声UI時代の8秒ルール

「8秒ルール」というルールを聞いたことはありますか？

バスケットボールのルールにも8秒ルールがありますが、ここで紹介するのは、Webサイトを構築する際の経験則の1つで、「利用者がそのサイト（ページ）を訪れてから8秒以内にWebページが表示されないと、その遅さに待ちきれず、ページを閉じてしまったり、違うサイトを見に行ってしまう」というものです。ただし、この8秒という数値は1999年の調査にもとづいたものであり、当時のインターネットのスピードと今日の状況は大きく変わっています。ですから8秒という時間は現在の環境には該当せず、スマートフォンでWebページが表示されるまでに待ってもらえるのは、一般的に3秒とも、1秒とも言われています。

VUIの場合、Webと違って表示されるまでの待ち時間という概念はありません。ただし、発話までのタイミング、前の会話が終わってから次の発話までの待ち時間、「間」（会話と会話の「間」、無音の時間）といった時間の感覚はWebのときよりも繊細です。

人間の脳は、「間」（無音状態）が0.3秒までであれば、会話を耳から取り込むことに集中していますが、「間」が0.45秒を超えると、その会話の分析や解釈、整理を始めると言います。つまり、ある程度の「間」を適度に入れながら会話を進めていかないと、内容を解釈してもらえないということになります。さらに、解釈する余裕がないと、次に続く会話を聞き取る姿勢も生まれません。ノリやスムーズさだけではなく、会話の理解には、適切な「間」が必要となるのです。

また、聞き手が予想していた言葉が返ってきた場合と、予想だにしなかった言葉が返ってきた場合では、その対処、理解にかかる時間が異なります。人間の話し手は、すべての会話で適切な「間」を空けて話せるわけではありません。いろいろ考えたり、言葉につまったりして、想定よりも長い「間」を空けてしまい、次の言葉を発話できないことも多々あるわけです。

VUI設計の際に考える「間」だけでなく、システムとしての実装上の「間」にも配慮が必要です。バックエンドからの計算結果などのレスポンスが遅い場合、例えば

Amazon Alexaであれば7秒、場合によっては8秒以上、Google Nest スピーカー（旧Google Home）であれば5秒以上かかってしまうときは、強制的にタイムアウトし次の処理に移ってしまいます。「間」に関しては、1つひとつの発言の「間」だけでなく、全体の流れとしてスムーズに待たせることなく会話を進める配慮が必要となるのです。

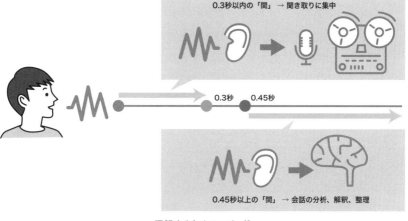

理解するためのスピード

※ 参照 『NHK アナウンサーとともに ことば力アップ 2014 年度』NHK アナウンス室，NHK 放送研修センター日本語センター 著，NHK 出版，2014

COLUMN VUI/VUXのヒントになるお薦め書籍 その③

●『声の網』

星 新一 著，角川書店，1970（改版2006）

「声」をテーマにした1970年のSF小説です。当時は、もちろんスマートフォンなど存在せず、コンピュータも超高額かつ巨大であり、卓上タイプの電卓がやっと出回り始めた頃です。そういった時代に、電話線を経由した音声インターフェースでコンピュータを操作・管理し、どこにいても好きなときに好きな情報を取り出せる未来を想像して描かれた12章の連作短編物語です。

今ではごく普通に実現されている内容が「電話」を中心とした不思議なサービスとして描写され、それによって起こる出来事が面白おかしく語られる本書は、VUIデザインにおける本質や、VUIの未来について考えるヒントになります。

言葉がもつ直接の意味、間接的な意味と省略される言葉

　誰かが言葉を発したとき、その言葉そのものの意味が意図と一致している場合と、その言葉の裏に隠れた意味、省略された意味が存在する場合があります。

　例えば、「部屋が寒い」という不満の言葉が発せられた場合、実際はその不満を解消するために対応してほしいという気持ち、つまりは「寒い→室温を上げてほしい」という指示がその言葉に込められています。もう1つ例を紹介すると、「何だか暑いな」という言葉であれば、それに対する適切な対応は「いま室温35度ですね」と回答するだけでなく、エアコンの温度を下げるなどとなります。言葉どおりではなく、そのときの状況を踏まえた解釈をしなければいけない場合があるのです。

　適切に指示したり、適切に回答するのは、実はとても難しいことです。同じような言葉でも、その言葉が発せられた状況や環境によって意味が異なる場合があるからです。

　例えば「お父さんお風呂！」と言った場合、単純に言葉の意味をそのまま解釈すると、「お父さん＝お風呂」ですが、通常、そのようには解釈しないで、意味としてその言葉に隠れている意図を理解します。「お父さん、いつものようにお風呂を沸かして！」「お父さん、お風呂沸いたから先にお風呂入って」「お父さん、いつものように子供たちと一緒にお風呂入って」など、時と場合、環境に応じて、さまざまな解釈が成り立つのです。

　ビジネス上の会話はともかく、日常会話では、発した言葉がその言葉どおりの意味ではないことが多く、多くの言葉が省略されて使われます。先の事例と似ていますが、「お母さん寒い」と言われた場合、「お母さん＝寒い」ではなく、「お母さん、寒いから暖房つけて」「お母さん、寒いからエアコンの温度を上げて」「お母さん、寒いからそこにある上着を取って」など、次に続く当然の言葉、よく使われる言葉が大幅に省略されているのです。

　また「あれ」「それ」「これ」といった指示語も省略の一種です。これらは時間と場面、環境を共有した人同士でないと、何を意味するのか意識の統一が図れません。

　親しい人同士でしか意思疎通が成り立たない言葉遣いもありますが、逆に、省略したり指示語を使っても意味が通じる場合、それらの人同士は親しいと感じることができます。

　「いつものあれ」といった曖昧な指示語や、過去の経験や状況を理解した上での会話は、何度も同じような会話を交わした間柄であったり、詳しく言葉で表現せずとも状況が共有されているからこそ伝わるのです。

　親しい人間同士の会話のように、さまざまな言葉が省略されたり、指示語が使われていたりする状況を、スマートスピーカーのようなVUIで完全に対処するのは難しいでしょう。しかし、人間同士の会話を注意深く観察すると、いくつかそれらに対処するためのヒントが見つかります。

- 対面の会話、その場にいる人同士の会話の場合、主語を省きがちです。会話の中では、必ずしも「私は〜」とは言わず、「私」が主語であることを前提として話すことが多くなります
- 会話する相手との前提条件、前提知識をできるだけ合わせるようにします。どういった環境で、どういう状況なのかを把握した上で会話を行います
- 使われる状況によって解釈が異なる言葉を避けて、意味のはっきりした言葉を選んで使います。例「天気予報によると春分の日は、しばしば雨が降ります」（雨が降るタイミングなのか、例年の春分の日の天気のことなのか、雨の量はどれくらいなのか、これを聞いただけでは瞬時に正確な判断は難しい）→「天気予報によると例年春分の日は雨の日が多く、雨が降ったり止んだりする天気でしょう」
- 聞き手が省略に気づけばよいですが、省略されていることに気づかないで解釈されることがあるので注意が必要です

（いま）暑い　→ 涼しくなってほしい

（いま）寒い　→ 暖かくなってほしい

ある言葉の意味が逆の目的を持っている例

複数の回答を用意し、変化をつけて人間っぽくする

　スマートスピーカーとの会話を自然なやりとりと感じさせるテクニックの1つに、同じ内容の回答を複数の言い回しで行えるよう、会話の種類を複数用意しておく手法があります。

　例えば、サービスを締めくくる、最後の言葉を考えます。

- 「ありがとうございました」「またよろしくおねがいします」「またきてください」「それではまた」「さようなら」「ピポッ（終了を示す信号音）」など

　状況や環境によって最適な言葉は異なりますが、多少使われる言葉が揺らいでも違和感はありません。人間同士の会話の場合、タイミングやそのときの状況、その人との関係性、親しさなどによって、言い方、言い回しが少しずつ異なるのが普通です。毎回、杓子定規に同じことしか言わないと、その発言が正しかったとしても機械らしい雰囲気を感じ、人間性が低く、感情が薄いように思えるものです。さらに、とても親しい人同士であれば、いつも同じ言葉や暗号的な言葉、呪文的な言葉を使った会話もあるでしょう。例えば、辛いとき、苦々しいとき、ストレスフルなとき、すべての状況を「渋い」という言葉で表現したり、「それってモフモフだね」と他の人にとっては意味不明な使い方をするなどといった感じです。

　人間は曖昧で、ブレがあり、記憶も曖昧で、正確性のない生き物です。少し前の会話の記憶を呼び起こしてみると、どんな内容、どんな会話をしたかは覚えていますが、一言一句その言い回しを覚えているようなことは少ないでしょう。よっぽど印象的な言葉、強烈な印象を得るような出来事があれば、名言的に覚えていることもあるかもしれませんが、たいてい「意味」は覚えていても「言葉」そのものについては、曖昧な記憶しかありません。

　また、何かを指し示す言葉も、1つのものに対して複数の言い方があるのが普通です。例えば「ライト」「照明」「あかり」「電灯」「電気」「電球」「蛍光灯」「ランプ」な

ど。こちらが「照明つけて」とお願いしたのに「はい。ライトをつけました」と違う言葉で返答されると違和感が生じます。人によって同じ言葉をいつも使う人もいれば、気分や生活の時間帯、状況によって、同じ意味でも異なる言葉を使う人もいるかもしれません。

こういった複数の言い回し、複数の回答を用意しておいたり、対処できるようにしておくことで、杓子定規な機械らしさを軽減できます。

ほかにも堅苦しい喋り方も避けるべきですが、それには次のような観点で考えるとよいでしょう。

- 必要以上に丁寧すぎる言葉、へりくだりすぎた敬語は使いません
  例：「おいでいただき」など、相手を持ち上げる尊敬語と自分がへり下る謙譲語の両方を一度に使うと、丁寧すぎる場合があります
- 同じ話、同じ言葉を何度も繰り返さないようにします
- 必要のない言葉で装飾しないようにします。伝えることを第一に考え、言葉を選びます
  例：「美しく豪華で素晴らしい体験を」など。美しいかどうか、素晴らしいかどうかは受け手が判断することです
- 意味の複雑な言葉を避け、同じことを示す平易な言葉を選択します
  例：「依頼してください」→「お願いしてください」、「初回ですか？」→「初めてですか？」
- 聞き違いやすい言葉を避け、一般的な言葉を選択します

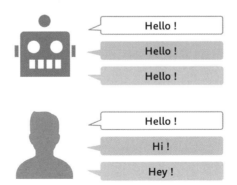

いつも決まったひとつの回答と、その時々によって同じ意味でも異なる回答

文字で書いたらどうなるか？ ではなく、人間なら何と言うか？

　書き言葉と話し言葉は異なります。これは多くの人が認識していることかもしれませんが、それを実際にスマートスピーカーとの会話でどう役立てればよいのかと考えると、誰もが戸惑います。

　熟練したアナウンサーは、原稿に「約10万円」などと書かれていた場合、文字どおり「やく、じゅうまんえん」とは読み上げず、「およそ10万円」と読み替えます。これは「約（やく）」と「百（ひゃく）」の語感が近く、「百十万円」と聞き違う場合が多いからです。

　スマートスピーカーでの会話を考える際、最初からすべて話し言葉で考えるのはなかなか困難です。ですから、企画を考えたり、会話を考えている最中はまず文字を書き、書き言葉で考えます。それをその後、適切な話し言葉に切り替えながら会話を整えていくのです。

　実際には、次のような観点で書き言葉から話し言葉への切り替えを行います。もちろんその際、黙読ではなく音読で、声に出して読み上げながら違和感がないよう調整していきます。書いた言葉を口に出すことで、さまざまなことに気づき、修正するきっかけが生まれます。

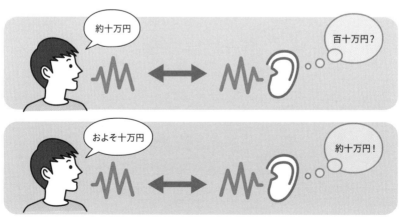

話し言葉と書き言葉、それらの受け取り方

- 息を吸って、一息で言えるくらいの量でしょうか?
- 同音異義語や語感の近い言葉が存在して、聞き違いが生じる可能性はないでしょうか?
- 堅苦しすぎて、普通は口にしない言葉が使われていないでしょうか?
- 発話していてスムーズに話せるでしょうか? その言葉に違和感はないでしょうか?
- 普段の会話では使わないような敬語で話していないでしょうか?

　例えば、書き言葉では「だが」「しかし」「けれども」と書く場合があります。目で黙読する場合は、それらの意味も正確に取得できますし、何ら違和感はありません。けれども実際に口に出して人との会話のように発話してみると、「だが」「しかし」「けれども」といった言葉を使う人は、堅苦しく、古めかしい印象に思えてしまいます。実際の会話の中では、同じような意味合いで「でも」などを使うことが多いはずです。

　さらに客観的に会話を評価するために、自分の言葉を録音しておき、スピードを速めて聞いてみるのも良い手法です。発話しているときは頭で考えていることをその場で口に出しているので意味を正確に把握していますが、その後、自分の言葉を耳で聞いて理解しようとすると、言葉を客観的に理解しようとします。また自分の声は実際に発話して耳から聞く声と、録音したものを聞く場合では声が違って聞こえるため、言葉の意味を理解する以前に自分の声を聞くことそのものに違和感や嫌悪感を感じる場合があります。その場合も、スピードを少し早くして聞くと違和感が薄れるのでお薦めの方法です。ただし現代の若者は、スマートフォンなどの録画で自分の声を聞く機会が多いため、録音された自分の声に違和感をもたない場合も多いそうです。

　一般的に、書き言葉のほうが「意味がはっきりし、誤解や解釈の違いを招かない場合も多い」、話し言葉のほうが「感情や気持ちが伝わりやすい」と言われますが、それも時と場合によって変わってきます。必ずしもすべての会話を話し言葉にするのが正しいとは言えません。状況に応じて正確に伝えたい事柄がある場合は、少し硬い「書き言葉」を用いることで、適切に意味を伝えられると考えています。

※ 参照 『分かり合うための言語コミュニケーション (報告)』文化庁、2018

音声では一度に1つの要素しか示せない

スマートフォンのタッチパネル画面を用いた操作とスマートスピーカーでの音声による操作の決定的な違いは、一覧性があるかないです。画面があれば、一度に複数の要素を見ることができます。音声であれば、よほど特殊なことをしない限り、一度に1つの内容しか聞き取れません。

スマートフォンで新しいアプリを使い始めたときのことを考えてみてください。

- いろいろなボタンやメニューを触って、機能を手軽に試してみます
- 機能の一覧をひととおり見て、気になったものについて、実際に操作し試してみます
- どのような設定やカスタマイズが可能なのか、設定画面の項目を見て把握します
- 操作に失敗したとしても、うまくいかなかった様子を目で見ることができます
- たいていの場合、失敗してもやり直すことができます

一方、スマートスピーカーでは、上記のすべてのことが簡単にはできません。ユーザーもスマートスピーカーにスマートフォンと全く同じことを期待しているわけではありませんし、そうではないことも把握しているでしょうが、何らかの方法で使いやすく、対処しやすいものであってほしいと誰もが考えるでしょう。

もちろん、小さな液晶画面が搭載されたスマートスピーカーも増えてはいますが、すべての端末がそうではありませんし、画面に依存してしまうと音声インターフェースの良さと本質を失ってしまいます。

実際、ユーザーがスマートフォンで何かを試してみる、いろいろ設定したり調整したりする、うまくいかなかったときにやり直すといった場合の対策として、アプリ提供者側はどういう手順で物事を進めればよいでしょうか?

- 最初に、できることを言葉で紹介しておきます
- ちょっとした時間のあるときに、新しい機能や普段使わない機能を紹介します

- 何か戸惑ったとき、困ったときに、適切だと思われる機能を提示します
- 細々と設定しなくても、適切な設定を覚えておいて切り替えます
- なぜ失敗したのか、対処方法、失敗を繰り返さない方法を示します
- これやってみない？ こういうこともあるよ？ とユーザーの好みそうな内容を推奨します

　これらのように、ユーザーにスマートフォンの操作から新しい事柄を知らせたり、失敗を回避させたりする様子を思い浮かべると、スマートスピーカーでどのような対処が適切なのか、自ずとわかってくるのではないでしょうか。

　AとBどちらがよいのかといった選択や比較をする場合にも、目で操作が見えるのと、音声だけで操作するのでは、冒頭の例と同じように大きな違いがあります。

　例えば、Aのアイコンデザイン、Bのアイコンデザイン、どちらがよいのか見比べる場合は、どちらも同時に目に入るため、それこそ両者を見比べながら、評価、選択、比較することができます。一方、音声の場合、選択、比較する際、どちらがどうよいのか、一方を頭の中で覚えておきながら、もう一方の内容を把握しなければいけません。もしかしたら、何回も聞き直して再評価、検討しないと判断がつかない可能性もあるのが難しいところです。

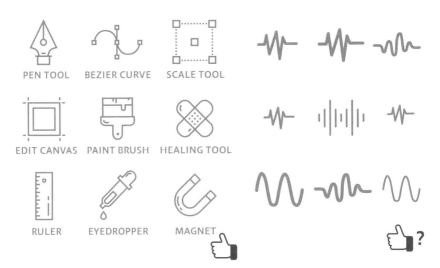

アイコンなら多数の中から選択しやすい。音の場合は頭の中で覚えておく必要がある

聴きやすい文章

　文章であれば、適切な位置に句読点が打ってあること、わかりやすい用語、難解な漢字が使われていないことなどが、読みやすさの要件になります。デジタルデバイスで読む文章の場合、文全体の長さや、ひらがなの量に比べて漢字の量が多すぎないことなどが、読みやすさの条件とされることもあります。

　目で文字を追いながら読んでいる場合、意味がわからない文字、または読み方がわからない文字があると、そこで読む流れ、思考がストップしてしまいます。文章の場合は、何かわからないことがあると、そこで止まったり、前の文章や言葉を読み直したりすることが容易で、意識せずとも視線を行き来しながら意味を理解し、読み進めるのが一般的です。

　話しやすい文章とは、その人が普段使っている言葉遣いで話せる文章、悩んだり考えたりしなくともスムーズに話せる文章です。

　一方、聴きやすい文章とはどのようなものでしょう。次のような特徴が挙げられます。

- 主語と述語が近い位置にあり、それぞれの関連性を把握しやすくなっています
- 修飾する言葉と修飾される言葉は離しません。すると、どの言葉が修飾されているのかを、わざわざ考えなくとも理解できます
- 文章の最後の部分に重要な要素、覚えておかなければいけない要素が含まれています。文章を聞いた後、思い出したり確認したりがしやすくなります
- 1つひとつの文章が短くなっています。長すぎる文章は、たいていの場合、分割することができます
- 1つの文章で伝えたい事柄が1つで、2つ以上の意味や情報が混在していません
- 理解するために、覚えておかなければいけない事柄、知らなければいけない事柄が存在しないか、または少ししかありません
- （日本語の場合、意識しないと難しいですが）最後まで聞かないと結論がわからない語順を選ばず、まずは結論、結果を言ってしまう形式を取ります。この

ほうが聞いたときにわかりやすくなります

- 聞き間違えにくい言葉が選ばれており、同音異義語、固有名詞、擬音語、擬態語に対して十分な配慮がなされています
- 聞き取るための適切な速さ、適切な「間」、考える「間」が存在します
- 「の」を3つ以上連続させません
  悪い例：「言葉の状態の理解の秘密」
- 言葉遣いとして当然ですが、同じ意味の言葉を重複させないようにします
  悪い例：「正しい正当性」
- 相手が聞く準備ができる言葉を文頭に置きます
  良い例：「まずは初めに～」など
- 複雑すぎて身構えないと聞けない質問は避けます。何かを覚えておかないといけない質問は避けてください
- 「～など」「～たり」「～とか」を正しく使います。「～たり」は繰り返して使われるのが普通です

COLUMN VUI/VUXのヒントになるお薦め書籍　その④

- 『音さがしの本 ≪増補版≫ リトル・サウンド・エデュケーション』
  R.マリー・シェーファー 著, 今田 匡彦 訳, 春秋社, 2009

　音と耳を研ぎ澄ますための方法を、主に子供向けに100個紹介した本です。ミュージシャンや音響などを仕事にしている人でない限り、普段、耳を鍛えるために努力することはあまりありません。100個のサウンドワークと呼ばれる手法の中には、「目を閉じて音源をたどる」「音の日記をつける」「街の音に集中しながら歩く」「音だけで周囲の動きをつかむ」「音のイメージを絵で表現する」「音を表す擬音語・擬態語を考える」「現実にはない音に気づく」「音の録音の仕方」「音の記憶の仕方」といった、いかにも耳が鍛えられそうなものが数多く紹介されています。もちろん読んだだけで効果が得られるものではなく、実際に体験しなければ会得できない内容ばかりです。

　100個の手法のうちいくつかを実践するだけでも、自分の耳の解像度が確実に向上したことを実感できる他にはないタイプの本です。このようにして鍛えた耳の解像度は、VUIデザインにおいても、会話だけでなく様々な「音」を活用する際の判断に役立つことでしょう。

COLUMN VUI/VUXに関する情報源●イベント・カンファレンス

VUI関連のほとんどのカンファレンスでは、アーカイブ動画が公開されています。

- Google I/O
  https://events.google.com/io/

- Google Assistant Developer Day
  https://developersonair.withgoogle.com/events/assistant-devday

- Alexa Dev Day
  http://alexadevday.com/tokyo

- VOICE Global
  https://www.voicesummit.ai/global

- Project VOICE
  https://projectvoice.ai/

- Conversational Interaction Conference
  https://www.conversationalinteraction.com/

- The Voice of the Car Summit
  https://www.voiceofthecar.com/

- SpeechTEK
  https://www.speechtek.com/

- The Chatbot Conference
  https://www.chatbotconference.com/

- The Level 3 AI Assistant Conference
  https://www.l3-ai.dev/

- Voice UI/UX Designer Meetup
  https://vuidesigner.connpass.com/

音声／会話サービスにおける
キャラクター設定の考え方

コンピュータに人が合わせる。
GUIとVUIとの違い

音声を用いることで、機械とのインタラクションを私たちが人間同士でコミュニケーションする方法に近づけることができる。今ではコンピュータ上のアプリケーションが人間に合わせなければならなくなった。その逆ではない。

—— コイ・ビン（グラフィカルデザイナー）※抄訳は著者

　従来はコンピュータの性能やデバイスの限界が原因で、人間の側がコンピュータに合わせていました。コンピュータが理解できるコマンドや操作を覚え、人間の普段の生活とはかけ離れた言葉も、コンピュータを操作するための用語として理屈抜きで暗記して使ってきました。人間は賢く柔軟なので、さまざまな事柄を積み重ねながら、コンピュータがわからないこと、理解できないことを、人間の能力でカバーしながら使いこなしてきたのです。

　ところが、音声インターフェースが使えるようになり、スマートスピーカーが登場したことで、コンピュータと人間との関係性が変化しました。スマートスピーカーや音声インターフェースのベースになっているのはコンピュータであり、従来のコンピュータの延長線上にあるデバイスです。けれども「音声」で操作することによって、操作する側の人間は、相手がコンピュータではなく「人間」または「人間に近しいもの」として認識してしまいます。つまり、プログラムで書かれたアプリケーションやサービスに対し、何かをお願いしたり、操作したりするときに「声」を使うことが原因で、人にお願いしているのだと勘違いしてしまうのです。

　もちろん頭では「相手はコンピュータなので、人のように柔軟に対応できない、人のように意味を正しく解釈してもらえない」ことを薄々感じています。しかし、コンピュータからの返答が、無味乾燥な「ピコッ」という音や画面でのメッセージ表示ではなく、滑らかな音声であるというだけで、相手が人であるかのような期待感を抱いてしまいます。そのため、人の側が音声インターフェースに対して言葉を使う際も、コンピュータへのコマンド操作ではなく、人にお願いしているように

コンピュータと人間との間を取りもつインターフェース

感じてしまうのです。もちろんそういったユーザーの振る舞いは、スマートスピーカー向けサービスを開発する側から考えると大変なことではありますが、その期待感に応えたい気持ちもあるでしょう。

　今後GUIからVUIへの意識の切り替えで必要なのは、今までの人がコンピュータに合わせて操作するという考えを止めることです。VUIの登場でコンピュータ側がまるで人間のように柔軟に、人の振る舞いや考え、人の言葉に合わせなければけなくなりました。コンピュータ側が自分の都合で振る舞うのではなく人間側に歩み寄り、人間側は無理にコンピュータに歩み寄ることなく自分のしたいようにするという、双方にとって大幅な意識改革になるのです。

COLUMN　VUI/VUXのヒントになるお薦め書籍　その⑤

● 『サウンドパワー ― わたしたちは、いつのまにか
「音」に誘導されている!?』
　ミテイラー千穂 著, ディスカヴァー・トゥエンティワン, 2019

　生活空間にある音や音楽によって、普段、私たちがどれほど誘導されているのかを解説する書籍です。

　人間の感情や記憶、行動は、視覚や嗅覚だけでなく、聴覚とも深く関係しています。本書では、人々がもつ音の記憶、音の知見によって、特定の音に行動を喚起する力があることを説明しています。また、「感情が盛り上がる音」「認知機能を向上させるノイズ」「歯医者の音を和らげる方法」なども紹介されています。さらに、音のブランディングで重要なサウンドロゴについても、「感情の揺り動かし方」「音の一貫性」「オリジナリティ」など、気をつけるべきポイントが詳しく解説されています。「子供の年代別の音の捉え方」など、VUIデザインのヒントとなる事柄も数多く掲載されています。

022

言葉遣いのパーソナリティ。
敬語とタメ口

　同じ人物でも、立場や環境、状況の違いによって、話す言葉遣いは変わります。同郷の友達同士の会話であれば、方言が混じったり、友達同士でしか通じない略語が使われたり、主語が抜けたり、指示語が曖昧だったりしても、会話として成り立ち、必要な事柄が伝わります。

　その一方、初対面の人や、環境や前提を共有できない見知らぬ人、立場の異なる人と話すときは、敬語を使ったり、できるだけ省略せずに丁寧に言葉を選んだりしながら喋ります。

　よく「言葉遣いで育ちがわかる」などと言いますが、言葉遣いや臨機応変に話し方を調整するノウハウは、その人が置かれた立場や経験、環境によって形作られた場合と、そういったノウハウを意識的に学んで身につけた場合があります。

　1対1で対話する場合、1人対少人数で対話する場合、多人数で雑多に会話する場合、1人の人が大勢に話しかける場合、誰がいるのかわからない不特定多数へ語りかける場合など、状況に応じて、同じ人物でも話し方や使う言葉が変わってきます。

　言葉遣いや言い回し、言い方や使う言葉によって、その人のパーソナリティ (性格や個性、人格) が形作られます。使う言葉によって親しみやすさ、近づきやすさ、考え方の共通性などが感じ取れます。

　「タメ口」というのは、親しい人同士、お互い対等と認め合う相手と話す際の言葉遣いを指します。サイコロの目が同じことを「タメ」といい、そこから派生した言葉です。特に年長者や上の立場の人に向かって、友達に対するような言葉遣いで話すことには違和感を覚える人が多く、「タメ口はよくない」と指摘されることが多いでしょう。

　年長者がくだけた態度であることを示すためにわざと若者言葉を使う例や、相手との距離が近づきすぎないよう、意識的に丁寧な言葉遣いをする例もあります。このように、相手との壁を作ったりする取り払ったりする際にも、言葉は大きな役割を果たします。

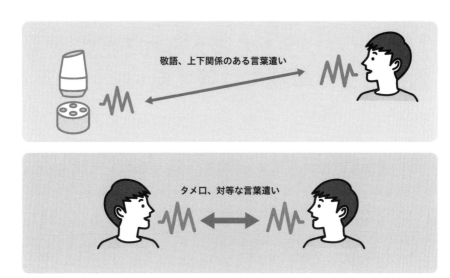

言葉遣いと距離感

　スマートスピーカーと会話する際、意味もなく上から目線、命令口調で話される
のも嫌な体験です。スマートスピーカー側からしても、人間から命令口調で理不尽
な話し方をされて、そこで適切な対応をしたとしても、そんな関係性が必ずしも万
人にとって良いサービスとして広がるとは言えません。どちらが上の立場、下の立
場ということではなく、過度な敬語でもなく、変なタメ口でもない、双方とも丁寧
な言葉を使うよう心がけます。相手の存在を尊重し、伝えることを考慮した会話が
大切です。さらに、サービスを使う頻度や回数、継続性によって、少しずつ会話や
言葉遣いが変化し、親しみやすい、くだけた言葉遣いに変化するというのも、魅力
的な設計の方法ではないかと考えられます。

「はい／いいえ」で答えられる設問でも
人間はそう単純には答えない

プログラムを書く人にとっては、結果や状態をTRUE／FALSEで返答するのはごくごく一般的なことです。それらのはっきりとした回答をもとに、プログラムは状態を判断し、悩むことなく次の作業に移ることができます。

質問の形式には、オープンクエスチョンとクローズドクエスチョンがあります。

「はい／いいえ」「AかBか」など、回答範囲を限定した質問の仕方をクローズドクエスチョン（閉じた質問）と言います。一方、オープンクエスチョン（開いた質問）では、回答範囲を限定せず、作文のときに使われるような5W1Hの要素で問いかけし、自由な回答を引き出します。

5W1Hの要素、いつ？ どこで？ 誰が？ 何を？ なぜ？ どうやって？ を相手が少し考えないと回答できないのがオープンクエスチョンですが、クローズドクエスチョンの場合は、回答に至るまでの時間や判断が短くて済む傾向があります。

クローズドクエスチョンで、「YES」「YES」と肯定的な回答が続くように質問された場合、相手は自分のことをよくわかってくれていると考えます。けれども質問の数が多すぎると、尋問されていたり、責め立てられているような感覚や、会話を誘導されているかのような感覚をもってしまう場合もあります。回答がある程度予想可能で、それらの回答をもとに何らかの処理が必要となる場合は、クローズドクエスチョンが対処しやすく、適切な対応を用意しておくことができます。

一方、オープンクエスチョンは、何をどう回答されるのか範囲が絞れないため、音声インターフェース的には対応が難しい事象の1つです。しかしそうは言っても、ある程度、回答のパターンを予想して、いくつかに絞ることはできます。何よりもオープンクエスチョンのほうが、回答者が自分の意思で自由に回答しているという感覚をもつことができます。

音声インターフェースのアプローチとしては次のような考え方が適切です。

- 「YES ／ NO」「はい／いいえ」などの、はっきりとした回答を得たい場合は、クローズドクエスチョンで質問します。その際も、「はい、いいえで回答してください」などとは言わずに相手の発話に任せ、さまざまな言い方（「YES」「NO」「はい」「いいや」「そう」など）に対応できるようにしておくとよいでしょう
- オープンクエスチョンの場合、ある程度、回答のパターンや範囲を予想しておきます。そして、「想定される回答1〜5」「それ以外の回答」などと割り振り、想定済みの回答に関しては事前に用意した適切な対応を、予想外の回答については対応方法、やり直しの方法など、適切な対処法へ導くように考えておきます

クローズドクエスチョン	オープンクエスチョン
YES / NO はい / いいえ	客観的質問：Objective Questions 主観的質問：Subjective Questions 問題提起的質問：Speculative Questions

オープンクエスチョンとクローズドクエスチョンの違い

　回答の範囲が限定されているクローズドクエスチョンは、特定の情報を確認したり絞り込んだりするタイプの質問です。質問する側がすでに知っている事柄、知っている情報についてしか質問できないという課題もあります。

　回答範囲が限定されないオープンクエスチョンは、要望や意見、懸念、洞察などを聞くのに向いています。瞬時に回答しやすいクローズドクエスチョンに比べ、オープンクエスチョンは回答までに考える時間が長い傾向があります。

　クローズドクエスチョンは、さらに客観的質問、主観的質問、問題提起的質問に分けられます。

- 客観的質問では、質問者が知らない事柄や事実を聞くことができます
- 主観的質問では、回答者の考えや気持ちを聞くことができます
- 問題提起的質問では、「もしも」という仮定で回答を聞くことができます

　もともとクローズドクエスチョンだった質問「例：使っていますか？」は、5W1H（だれが、いつ、どこで、なにを、なぜ、どのように）の要素で聞くことでオープンクエスチョン「例：どのように使っていますか？」にすることができます。

声のブランド、音のブランド

　英語圏で使われるGoogle Nestスピーカー（旧Google Home）、Amazon Alexaでは、一部で俳優やミュージシャンの声が使われています。一般的で中庸な声から耳障りのよい、素敵な声をスマートスピーカーの発話に使う事例が増えてきています。日本でもイメージにあった声優に依頼していくつかのセリフの音声データを用意し、それらをスマートスピーカーの会話に使う事例も増加しています。

　あらかじめ用意しておいたセリフを録音し、音声データとして再生する場合、発話の種類に限りがあるだけでなく、毎回ブレもなく同じ口調、同じスピードで発話するため、何度も聞いていると、その場での発話ではなく録音を聞いている感覚が増してきます。

　とはいえ、特定の人物の音声データから、合成音声を制作できるように音声データのチャンク（かけら、ひとかたまりを指す言葉）を集めるためには、最低でも50時間ほど、場合によってはその数倍の時間、音声データが必要であると言われ、そう簡単に誰の声でも用意できるわけではありません。

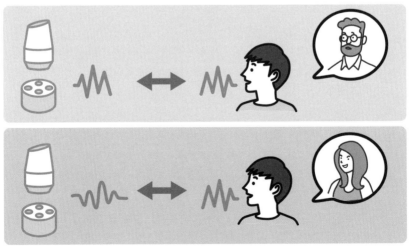

声の印象と、その声から想像する人物像

　最近では機械学習をベースにしたWaveNetという手法が発達し、単なる音声データの切り貼りではなく、予測や補間を行うことによって、滑らかな発話が可能な技術が進化しています。さらに合成音声のために必要な素材となる録音データの量も、従来より減りつつあると言われています（映画『ミッション：インポッシブル3』では、カードに書かれた数十語の単語を読み上げるだけで、本人の発話モデルを構築するシーンがありましたが、これは映画の中のお話であり、現在の技術ではまだまだ困難です）。声のもつイメージを利用するハードルは徐々に下がりつつあるとは言えると思います。

　声が表現するブランドやイメージについて考えてみます。一般的には、声の主がどのような人であるかを想像し、その人物像がブランドやイメージとして想起されます。ここで影響するのは、もって生まれた声質だけでなく、話すスピード、声のトーン、話し方の間、使う言葉など、さまざまな要素です。会ったことがない人でも、声だけである程度、人となりを想像できる場合も多く、声がもつ印象はとても大切なものです。つまり、音声を用いて適切なブランドやイメージを構築したい場合、どういった人物が、どのような感じで話しているイメージに近いのかを考え、そこに適切な声と話し方、使う言葉を当てはめていくことになります。また、先天的な声質によって、「安心する声」「聞き取りやすい声」といった要素もあるため、さまざまな要素のバランスをとって考える必要があります。

　一方、音声以外の音で表現されるブランドやイメージも多種多様ですが、こちらについてはどのような人が聞いても同じような印象を受けるということを1つの指針とするとわかりやすくなります。例えば、誰が聞いても安心する音、誰が聞いても終了だと感じる音、誰が聞いても異常・エラーだと感じる音などです。文化的背景などによって印象や捉え方が異なる場合もありますが、言葉ほどそれらによる違いは生じません。

※　参照　WeveNet 構築に必要な発話時間は 50 時間ほど
　　Wikipedia「WaveNet」https://en.wikipedia.org/wiki/WaveNet

日本語では呼び名は多様で曖昧。
呼び名によって距離感も変わる

　人と人の会話の場合、呼び名によって親しさが垣間見られます。同じ人物でも会話の流れや状況によって、呼び名が変わる場合があります。音声インターフェースの場合、明確な主語がない場合や、呼び名を使わない場合も多く、その距離感が不明になったり、誰に向かって喋っているのかが不明瞭になったりすることがあります。

　現在、多くのスマートスピーカーでは、ウェイクワードと呼ばれる言葉を受け取ると、音声インターフェースとしての会話を開始します。Apple Siriであれば「Hey, Siri」、Google Nestスピーカー (旧Google Home) であれば「OK, Google」または「ねぇGoogle」、Amazon Alexaであれば「Alexa」(設定によって「Computer」「Amazon」「Echo」などに変更可能) です。スマートスピーカーの場合は、こういったウェイクワードが一種の呼び名だと言えるかもしれません。

　一方、スマートスピーカーから呼ばれる人間側の呼び名は曖昧です。英語であれば、誰でも彼でも「You」で相手を表すことができますが、日本語の場合、相手のことを指す呼び名にはさまざまなものがあり、それらが省略されることもあるため、とても曖昧です。そういった曖昧な状況における適切な対応とは、どう考えればよいでしょうか?

- 呼び名を使わない前提で、それでも会話が成り立つよう、言葉を選んで設計します
- 「あなた」など、ごくごく一般的で誰を相手にしても不自然のない呼び名を使うようにします
- 呼んでほしい名前を登録させたり、あらかじめ相手の名前を尋ねたりして、その名前で呼ぶ方法もあります
- そこにいる人全員を対象として、聞いている人すべてを相手として言葉を選びます。例えば、相手が1人と考えた「〜と話しました」よりも、複数人を前提とした「〜とお伝えしました」などを選びます

あなた
そちら
お宅
僕
お前
あんた
お前さん
じぶん
君
あんさん
てめぇ
きさま
われ
なんじ
そなた
貴君
貴殿
お主
うぬ

日本語での呼びかけ方は多彩

　姓名のうち「姓」で呼ばれる場合と「名」で呼ばれる場合では、親しさの度合いが異なって感じられます。家族にだけ呼ばれる名前や、自分のことをこう呼んでほしいという名前もあるでしょう。また、自分が意図せず勝手に呼ばれるニックネームもあれば、自分でも気に入っているニックネームもあるでしょう。人は会話の中で自分の名前が呼ばれると、その話が自分に向けられているものと考え、自然とその方向に意識が向きます。

　スマートスピーカーに対して会話している際は、音を発しているものに意識が向かいますが、不特定多数に向けられたような発言と、自分の名前が呼ばれて、自分に向けられていると感じられる発言では、その会話の内容への受容度が変わってくると考えられます。

合成音声のスムーズさと
期待値コントロール

　スマートスピーカーや音声インターフェースの言葉遣いや発話がスムーズであれ
ばあるほど、ユーザーは人間のような柔軟で万全の対応を期待してしまいます。会
話が機械的で、たどたどしく、いかにも合成音声といったものであれば、相手は機
械、コンピュータであるとの意識が強くなり、ユーザーが丁寧に説明する傾向が強
くなり、正しく認識してもらえない場合でも、（イラ立つことはあっても）それほど
がっかりすることはありません。

　そういったがっかり感は「期待値」から生まれます。声や言葉遣いの滑らかさか
ら、人間はその相手がどのような存在なのか、どの程度、知的な存在なのかといっ
た「期待」を抱きます。何を言っても通じる相手、何でもお願いできる相手なのか、
または、いろいろ詳しく話さないとわかってもらえない面倒な相手、何を言っても
通じない、頑固で融通の利かない相手なのか。そういった「期待」から実像がずれ
てしまった場合、がっかりしたり、逆に驚いたりすることになります。一方、期待
どおり、それ以上でもそれ以下でもない場合、がっかりしたりイラついたりしない
代わりに、驚きや喜びもあまりないかもしれません。

　こういった期待はずれ、残念さを排除するための方法として、最初の期待値を低
めに保っておくのは1つの方法です。初めにあまり期待していないと、それを上回
る結果が得られたとき、とても喜ばしく感じます。そのバランスや量は人によって
も感じ方が違うため一概に言えません。少し期待値を低く見せ、少しだけ期待以上
の成果が得られるくらいがちょうどよいのかもしれません。

　あくまで噂でしかありませんが、初期のiPhoneに搭載されていたSiriは、意図
的にたどたどしい会話になるようデザインされていたと聞いたことがあります。技
術的にはもっと滑らかな会話にできるのに、あえて、たどたどしい機械的な発話に
していたということです。その理由は、発話が滑らかすぎると、完成度が高い人
間と同じような存在に感じられて、会話や対話に対する期待度も上がってしまう
からです。最近では、Siriの対話機能も拡充され、それにともない、発話も初期の
iPhoneに比べてとても滑らかになってきています。こういった期待値のコントロー

ル、バランスの調整はとても微妙ですが、いつでも最大限の性能を発揮すればよい
わけではないという、エンジニア視点ではあまり思いつかない事例の1つです。

流暢なスマートスピーカー、機械的な電子音だけのスマートスピーカー

　ユーザーの期待値について考える際は、「狩野モデル」が参考になります。狩野モ
デルは、「当たり前品質」と呼ばれる基本的な品質、「一元的品質」と呼ばれる充足し
ていれば満足で不充足であれば不満の品質、不充足であっても仕方ないがあると
喜ばれる「魅力品質」で、製品の機能や品質を評価・分析するためのモデルです。
さらに、どちらでも良い「無関心品質」、充足されていれば不満に感じる「逆品質」
という概念も合わせて提言しています。

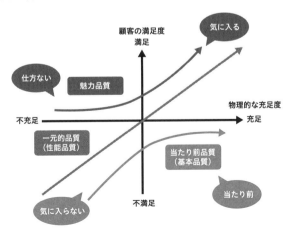

※日本科学技術連盟のサイト（https://www.juse.or.jp/departmental/point02/08.html）記載内容を元に作成
狩野モデルにおける各品質の充足度と満足度の関係

027

聞き取りのタイミングと意味を理解するタイミング

　人間の脳は、音と音のあいだ、いわゆる「間」という無音状態が0.3秒までは会話を耳から取り込むことに集中していますが、その「間」が0.45秒を超えると会話の分析や解釈、整理をし始めるということを「015 音声UI時代の8秒ルール」で説明しました。

　人と人の対話の場合、相手の話を注意深く聞きながら、相手の話し終わったタイミングで自分が話したいことを発話し始めます。まれに、相手の話を最後まで聞かず途中で割り込んで話し始める人もいますが、それは意図的に行われていることで、自然な対話ではありません。

　一方、自然な対話だったとしても、対話のタイミングがちぐはぐになったり、相手が喋ろうとした瞬間に自分も喋ってしまうようなことはないでしょうか？ 人が人と対話をする際、頭の中では、次のような事柄が並行して進んでいきます。

- 相手の発言を聞いて、その事柄を理解し解釈する時間
- 話の流れや相手が言ったことに反応して、自分が言おうとしていることを準備する時間
- 相手の発言が途切れるのを待つ時間
- 相手の発言に問いかけや質問があった場合に、返答や意見を言う時間
- 相手の発言から思いついた自分の中から生まれた新たな言葉を言う時間

また、次のような事柄もあります。

- 相手の喋っている話は流して終わるのを待ち、自分の主張を言い始めようとする準備の時間
- 特に自分の主義主張はなく、うなづきながら相手の会話を淡々と聞きつづけている時間

　相手のことを気にせず、自分が自分が、と会話を進める人もいれば、相手の話を注意深く聞き、必要なときにポツッと少ない言葉で発言する人もいるでしょう。

　複数人で会話している途中、全員が発話せず何秒も無音状態が続くと、いたたまれなくなって誰かが話し始めてしまうかもしれませんし、ずっと無言のまま気まずい状態が続くかもしれません。

　テンポがよい、「間」がよいと言われるお笑いや、漫才などの対話形式の会話は、どのように組み立てられているのでしょうか？ 通常は、一方の人の会話のスピードや「間」の開け方、口調などに、もう一方の人が同調して合わせていく傾向があります。また、会話のリズムを保つために、意図的に「間」を短くしたり長くしたりすることもあります。これらは上述の、人が話を聞いて考えたり理解したりするタイミングを、「間」によってうまくコントロールしているとも考えられるでしょう。

COLUMN　VUI/VUXのヒントになるお薦め書籍　その⑥

● 『NHKアナウンサーとともに ことば力アップ　2020年4月〜9月』
　　NHKアナウンス室，NHK放送研修センター日本語センター 著，NHK出版，2020

　本書はNHKのラジオ講座『ことば力アップ』のテキストです。『ことば力アップ』は2008年から続いているラジオ講座で、アナウンサー志望者だけでなく一般の人が話し方を学ぶための講座です。

　第一線で活躍する現役のアナウンサーたちが、自身のエピソードを交えながら、話すコツ、話す際に注意すべきこと、朗読の仕方、声で物事を伝える際の心構えなどを数多く紹介しています。ラジオ講座の教科書、副読本ではありますが、ラジオ講座を聞かずとも本書だけでも多くのことが学べます。毎年2冊のペースで定期的に刊行されており、一般の書店でも入手できます（期間ごとに講座の内容は大きく変わらないため、バックナンバーでも最新版同様、十分参考になります）。

　朗読、スピーチ、プレゼンテーション、読み聞かせ、対話といった様々な状況での理想の話し方を知ることで、VUIデザインで必要となる細かな配慮や調整のための知見が得られます。

声を介在させることで生じる大きな分断

　スマートスピーカーや音声インターフェースは、人物に例えるとどんな人でしょうか？ 執事、秘書、命令できる機械、友達、相棒、恋人、子供、ペット、ロボット？

　スマートスピーカーがテクノロジーの塊だと理解しつつも、会話がとてもスムーズに行われた場合、誰かがその中にいるのではないか、スピーカーの向こうに話している人がいるのではないかという印象をもちます。

　それだけに、スマートスピーカーとしての人格、性格、言葉遣いや言い回し、口調が重要になってきます。また、スマートスピーカーは話し手としてだけでなく聞き手としても、立場、対応、理解の示し方といった人間の対話相手と似たように考えていく必要があります。

　スマートフォンのようにタッチパネルを操作し画面表示を読み取るインターフェースは、反応が早く、思ったことがすぐに反映されるため、自分の身体の延長線上で考えることができます。例えば、画面に表示されている写真を2本指で拡大したり縮小したりする操作は、頭に浮かんだ要求を即座に自分の手で表現できる操作方法であり、それによって、思いどおりの結果を得ることができます。

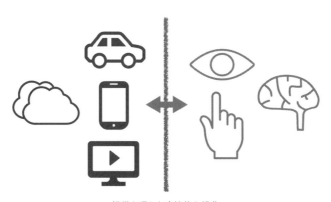

視覚を通した直接的な操作

　一方、音声インターフェースの場合、口（声）と耳（音）を媒介とするため、直接操作して結果を得るといったスムーズな流れにはなりません。頭で考えた内容を言葉にして口から発し、それをスマートスピーカーなどが処理した結果を音、音声の形で耳で聞き、さらにそれを頭で理解したり解釈したりするわけです。スマートスピーカー側も、本体だけでできることは限られており、実際の処理ではクラウド、インターネットから情報を得ており、計算資源はネット上にあるものが使われたりしています。

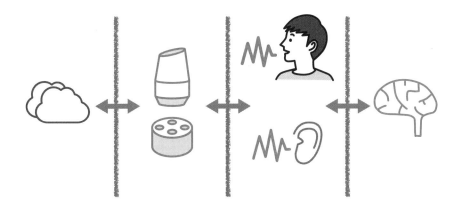

頭で考えた内容を言葉にして口から発し、スマートスピーカーが処理した結果を耳で聞いて頭で解釈する

　自分の身体の延長線上にある印象が強いスマートフォンの場合は、「自分のスマートフォン」として扱われがちです。その一方、スマートスピーカーでは耳と口を介在するため直接的には操作できず、話し手としての人間と聞き手としてのスマートスピーカー、その逆の話し手としてのスマートスピーカーと聞き手としての人間が、交互に存在することになります。「声」を介在させることで、そこに大きな分断があるのです。

COLUMN　VUI/VUXに関する情報源●お薦め書籍

　VUI/VUXを考える際、参考になる書籍はここまでのコラムでも取り上げてきたように多数ありますが、ここでは、特に役立つVUI関連の洋書、チャットボット系の書籍、UXライティングに関する書籍、VUI関連の日本語書籍を紹介します。これらは必読書と言ってもよいでしょう。

- *Writing Is Designing*
  https://rosenfeldmedia.com/books/writing-is-designing/

- *Designing Voice User Interfaces: Principles of Conversational Experiences*（日本語版『デザイニング・ボイスユーザーインターフェース ― 音声で対話するサービスのためのデザイン原則』）
  https://www.oreilly.com/library/view/designing-voice-user/9781491955406/

- *Conversational Design*
  https://abookapart.com/products/conversational-design

- *Nicely Said: Writing for the Web with Style and Purpose*（日本語版『伝わるWebライティング ― スタイルと目的をもって共感をあつめる文章を書く方法』）
  https://www.oreilly.com/library/view/nicely-said-writing/9780133818444/

- 『Voice User Interface設計　本格的なAlexaスキルの作り方』
  https://www.nikkeibp.co.jp/atclpubmkt/book/18/269050/

- 『音声に未来はあるか?』
  https://www.nikkeibp.co.jp/atclpubmkt/book/18/268020/

- *Voice Applications for Alexa and Google Assistant*
  https://www.manning.com/books/voice-applications-for-alexa-and-google-assistant

- *Voicebot and Chatbot Design*
  https://www.packtpub.com/product/voicebot-and-chatbot-design/9781789139624

声によるおもてなし、
ホスピタリティ、信頼の作り方

アクセントの平坦化

　現代的な言葉遣いでは、アクセントや強調の激しい話し方よりも、平坦でアクセントや強調の少ない話し方がなされる傾向にあります。

　「メニュー」「図書館」「彼氏」「シメサバ」「化粧水」「ゼミ」といった言葉のアクセントについても、ひと昔前なら高低のある言い方をしましたが、首都圏の若い人を中心に、起伏のない平坦な言い方がなされるようになっています。例えば「令和」のように、どこにアクセントがあるのかわかりにくいため、間違ったアクセントにならないよう平坦に言う場合もあります。また、アクセントに特徴のある方言であることがわからないよう、平坦に言う場合もあります。例えば、関西弁では「ありがと＼う」と後半が高くなり、標準語では「あり＼がとう」と前半にアクセントがきます。それぞれ自分が慣れているアクセントではないその土地に合わせたアクセントで話すのが難しい場合、どっちともつかない平坦なアクセントで話してしまう場合があります。さらに「図書館」の平坦化のように、特に何かを強調しないよう話す場合もあれば、早口で話すときなど、発話に息やエネルギーを使わないよう平坦に言う場合もあります。

　日本語のアクセントを「＼」と「￣」という記号で示す表記法があります。会話音が下がる部分を「＼」で、下がる部分がない場合を「￣」で表します。この表記法では音が上がることを示す表記がなく、下がることを示すことで全体のアクセントを表現します。

　例えば「シメサバ」であれば、旧来は「メ」にアクセントがあり「シメ＼サバ」と「メ」が高く「サバ」が低く発音されていましたが、最近は「シメサバ￣」と平坦に言われることが多くなってきました。また、専門家やある特定のグループの中だけで使われるカタカナ外来語に関しても平坦化の傾向があります。例えば、「ギター」「バイク」「サーバー」など、一般的にはアクセントがつく言葉も、業界内、仲間内では平坦に発音される場合も多くみられます。

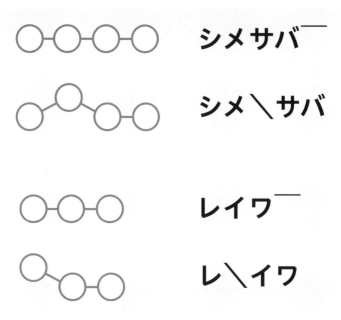

※「令和」の発音に関して規定はなく、テレビ局によってもまちまち。
　一般の会話では平坦に読まれる場合が多い。

平坦な発音とアクセントのある発音の高低

　さらに、アクセントによってその意味が区別される言葉もあります。例えば「ク
ラブ」の場合は、部活動などの「ク＼ラブ」、音楽を聴く場所である「クラブ￣」が
言い分けられており、単に言葉が平坦化しているわけではないものもあります。

　アクセントの平坦化については、どれが正解、どれが不正解というわけではな
く、人によって言い方が異なり、方言や感情の度合いによっても変わってくるも
のです。「自分がこう話すからこの言葉はこういうアクセントなのだ」とは考えず、
VUIでは、言葉の平坦化のようなさまざまな状況を想定しておく必要があるという
ことです。

※　参照　『NHK日本語発音アクセント新辞典』NHK放送文化研究所 編，2016
　　https://www.nhk.or.jp/bunken/accent/faq/

VUIにおけるデザインシステム的なルール

　大規模なWebサイトの場合、ブランドイメージや使い方の統一を図るために、デザインシステムと呼ばれるいくつかの粒度のルールが取り決められることがあります。

　最近では、Webの場合のデザインシステムは、アトミックデザインと呼ばれる、小さな粒度から大きな粒度までそれぞれのレベルで適切なデザインルールを規定することで、どのようなコンテンツでもそれらの指針にもとづき、作りやすくした取り決めのもとに運用されることが増えてきました。

　VUIの場合は、まだまだ細かなルールや規定のもとに運用するのは困難ですが、それでも大規模な音声サービスや、同ブランドで複数のサービス展開がなされる事例が増えていくとともに、Webと同じような考えでデザインシステムを構築する必要が求められてきています。

　そこで、VUIにおけるデザインシステム的なルールについて考えると、次のようなものが挙げられます。

- あいさつや、一般的な会話や言葉のルール
- 質問の仕方のルール
- 呼びかけ方のルール
- 語尾の統一ルール
- 言葉や会話がどれくらいくだけてもよいのかブレてもよいのか、ブレ幅のルール
- スピードや声の高さにまつわるルール
- ある会話を始めてから終わるまでの流れを示したルール、事例
- 会話例のテンプレート
- 会話がうまくいかなかったときの回復方法または終了方法のルール
- 実際の会話の事例をいくつか
- 会話の人物像

　会話の人物像とは、いわゆるペルソナ（想定される仮の人物像）のことです。デザインシステムで規定する場合としない場合の両方があります。どこまでデザインシステムでルール化するのかにもよりますが、会話のための人物像の規定をここでしておくと、会話設計に悩む事柄が減ることでしょう。

　これらのルールを規定した上で、何か新規のサービスを考えたときに欠けている要素がないか、何か決まっていないために悩んだり困ったりすることがないか、複雑すぎてうまく適用できない部分がないか、規定が細かすぎて面倒なところはないか、などの観点で適宜修正を続けていくと、より良いVUI向けのデザインシステムになるでしょう。ガチガチにルールを決めておくのではなく、必ず守るべきブランドのルール、指針として参考にするべきルールと、推奨として尊重するが必ずしも守らなくてもよいルールなど、いくつかの段階を決めて規定しておくと運用しやすくなる傾向があります。

　さらに、Webやアプリ向けのデザインシステムと異なり、VUIのデザインシステムの場合は、「声」の規定と「会話」の規定を分けて考えるとスッキリと整理できます。もちろん声と会話には密接な関係性がありますが、それらを独立して捉えることで、守るべきルール、制作時に考えるべき事柄が、よりはっきりと見えてくるのです。

　これらがうまく活用し始められれば、何かを作るときのスピードが速くなり、あまり悩まずにサービスの本質に注力してVUIの会話を構築していけるのではないかと考えています。

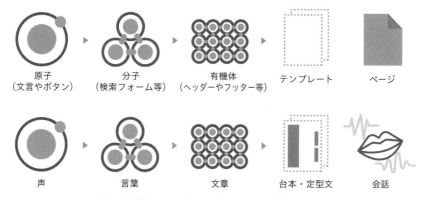

| 原子
（文言やボタン） | 分子
（検索フォーム等） | 有機体
（ヘッダーやフッター等） | テンプレート | ページ |
| 声 | 言葉 | 文章 | 台本・定型文 | 会話 |

アトミックデザインになぞらえたVUIアトミックデザインの場合

VUIにおける擬音語・擬態語

　日本語ではオノマトペ[注1]と呼ばれる擬音語、擬態語が大変多く使われます。漫画の中ではもちろんのこと、広告表現、テレビCMなど、私たちが日常的に接しているさまざまな日本語は、擬音語、擬態語で溢れています。さらに擬音語、擬態語は文字として目にするものだけで使われているわけではありません。あまり意識していないかもしれませんが、普段の会話の中でも数多く使用されているのです。

　このようなオノマトペは日本語固有のものではありませんが、言語によって表現や意味合いが異なります。単純に他の言語には翻訳できない擬音語・擬態語もあります。日本語は特に擬音語・擬態語が普段から多く使われています。アフリカ、アジア圏の言語でも多い傾向があります。一方、英語圏ではコミックなど一部で使われるものの、擬音語・擬態語として使われる言葉は少ない傾向にあります。

　擬音語、擬態語は、音声だけで便利に事柄や様子、状態を伝えることができる代わりに、人によって解釈やイメージが異なるのが1つの課題です。例えば「ピチャピチャ」という言葉を聞いただけで何を想像しますか？　その規模や範囲、音を出している物体、環境、様子など、人によって捉え方はさまざまです。住んでいる土地、言語、年代、流行り言葉などによっても、擬音語、擬態語からイメージするものは異なります。

　そういったニュアンスの違いがある一方、それぞれの人が明確に情景を思い浮かべられるのが擬音語・擬態語の良い点でもあります。擬音語・擬態語で表現すると簡潔にイメージが伝わりやすく、同じ情景を擬音語・擬態語を使わずに説明するのは簡単ではありません。

　擬音語・擬態語はさらに細かく分類すると次のようになります。

注1　オノマトペという言葉は、フランス語の onomatopée に由来しています。

- **擬声語**：人間や動物などが口から発する音声を表現する言葉
- **擬音語**：自然界の音や物音を表す、無生物が発する音を表現する言葉
- **擬態語**：質感や見た目、主に無生物の物体の状態を表現する言葉
- **擬容語**：人や動物の態度や、振る舞いを表現する言葉
- **擬情語**：人の感情、心の中の状態、頭の中の状態を表現する言葉

　どの擬音語・擬態語も、「ごろごろ」「げらげら」「ぴかぴか」「わくわく」「ばたばた」のように、言葉を繰り返すものが多い傾向があります。
　VUIにおける擬音語・擬態語に関する注意点は、次のとおりです。

- 少し表現が違っただけで、その意味やニュアンスが大きく異なります
  例：「ころころ」と「ごろごろ」、「げらげら」と「けらけら」など
- 文字としてみると同じでも、意味や種類が異なるものがあります
  例：仲間同士が「ばらばら」になる、雨がとても強く傘に当たり「ばらばら」
  音を立てるなど
- その人特有の擬音語、擬態語表現を使われた場合は、その表現の度合いに注意
  が必要です
  例：どんな状態でも「ボロボロだ」というような人のボロボロの意味

　擬音語、擬態語は曖昧な表現になりがちですが、その情景や状態を少ない言葉で的確に伝えることができます。使う場所や頻度に注意しながら用いるのがよいでしょう。

※　参照　『オノマトペ 擬音語・擬態語の世界』小野 正弘 著, KADOKAWA, 2019
※　参照　『ぎおんご ぎたいご じしょ 新装版』牧田 智之 著, パイインターナショナル, 2012

パパートの原理

◎ **パパートの原理：**

心の成長における最も重要なステップとして、単に新しい技能を身につける
ステップだけでなく、すでに知っていることを使うための新しい管理方法を身
につけるステップがある。

—— マーヴィン・ミンスキー（人工知能研究者）

人工知能の生みの親と呼ばれるマーヴィン・ミンスキー氏の著書で、上記のシー
モア・パパート氏の原理が紹介されています。パパートの原理をVUIに当てはめ
ると、次のような段階が考えられます。

- スマートスピーカーやVUIを初めて使う
- 新しい機能やサービスを使う
- 既存の知識や知見を応用しながら使ってみる
- 試行錯誤しながらいろいろと試してみる
- 定番の使い方を身につけ、使い慣れてくる
- たまにしか使わないため、使い方を忘れがちで、戸惑いながら使う
- 未知の機能やサービスを不安に感じながら使う
- 既存のほかの知見、世の中の通例、アプリやWebの通例などに対応させなが
  ら使う
- 新しいことを何度も練習して試して使えるようになる

どんな手順もどんなサービスも、頭の中で考えているだけでは習熟できません。
実際に使ってみて体験することによって、その使い方や活用方法が身につきます。
また繰り返すことによって、理解や利用方法が強化される事柄もあれば、一度だ
け学べば、その後はすべてを理解して使えるようになる事柄もあります。どちらの

理解も、自分が過去に体験したことがあるもの、自分がすでに理解しているものをベースとし、そこに少しだけ新しい体験や知見が重なるような形で進みます。全くベースがない状態では、複雑なものをいきなり完璧に使いこなすのは難しく、経験の積み重ねが必要となってきます。

　VUIの場合、ベースとなるのは人と人の会話です。そこで理解しているやりとりや会話、話し方などがVUI利用の最初の知識、知見となっており、そこから大きく外れない使い方であれば、習ったり学んだりすることなしに、すぐに使いこなせるようになるのです。

　また、一番最初に使おうとする動機、自分の内部から湧き出るきっかけ、外部からの後押しによるきっかけなど、最初の壁を乗り越えるにはきっかけが必要です。「失敗したら怖い」「変なことを言ったら恥ずかしい」「何かうまくいかないことがあると嫌だ」「何度も同じことを話すと相手が困るのではないだろうか」、そういった人と人の会話の際の心理的安全性は、VUIの場合あまり心配事にはなりません。そういった切り口で、人と人の会話と同じもの、人と人の会話では難しかったことがVUIで実現できていくのだと考えられます。

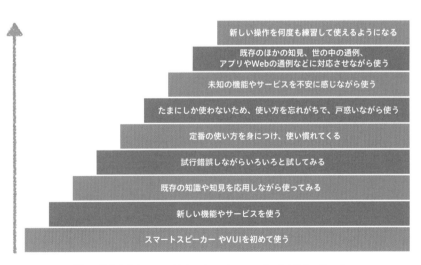

新しい機能を使うステップから、すでに知っていることを使うステップ

※　参照　『心の社会』マーヴィン・ミンスキー 著，安西 祐一郎 訳，産業図書，1990 年

みんなが聞こえる、みんなが見える。
プライバシーをどう守る？

　スマートスピーカーが浸透していくにしたがって、音声のプライバシー、音声のセキュリティも心配されるようになってきました。VUIにおけるプライバシーやセキュリティは、従来のWebやスマートフォンアプリとは異なる考え方が必要です。

　心配性の人やテクノロジーに不信感をもつ人にとっては、そもそもスマートスピーカーに24時間盗聴されているかもしれないという不安があるかもしれません。

　実例として、あるスマートスピーカー向けの銀行サービスに、予算残高を聞くためにパスコードを声に出して話さないといけない仕様のものがあります。スマートスピーカーは基本、1人しかいない部屋の中で、1人だけで使うことが想定されている場合が多いかもしれません。けれどもスマートスピーカーが浸透するにつれて、家族がいる場で使ったり、オフィスや公共空間など、他人がいる場で話しかける場面も、少しずつですが増えています。

　会話では、それほど機密な内容でなくとも、周りの人に聞かれたくないようなこともあります。また、ごくごく個人的なこと、体重や年齢などは、積極的に声に出して言うのがはばかられることが多いでしょう。先に紹介した銀行サービスの場合は、パスコードそのものも個人的な情報ですし、そこでスマートスピーカーが読み上げるであろう銀行口座の予算残高の数字もとても個人的な情報です。その額が多いにしろ少ないにしろ、たいていの人にとっては自分以外の人にはあまり知られたくない情報です。

　さらに話題になった事例として、Amazonの購買と連動したAlexaが、「子供のクリスマスプレゼントのお届け状況を声で、それも商品名も一緒に読み上げてしまった」「Amazonで買った内緒の恥ずかしい商品が、家族の前で読み上げられてしまった」などの困った状況を生んでしまった話題もありました。周りにとっては笑い話かもしれませんが、本人にとっては取り返しのつかない困った状況です。また個人的なメッセージや、自分宛のメッセージが適切ではないタイミングで読み上げられてしまって困る事例もあるようです。

ここで考えなければいけないのは次の事柄です。

- 何が大切な情報なのか、内緒にしておきたいのかそうでないのかは、ひとそれぞれ
- 利便性を追求しすぎて、操作や手順を平易にするためにプライバシーをおろそかにしてはいけません
- デフォルト状態、最初の設定はプライバシーやセキュリティが緩い状態ではいけません。厳しい状態に設定しておき、そこから利用者の要望によって段階的に設定を変えていく方式が望まれます
- プライバシーやセキュリティの設定などは、単に利用者の許諾を得れば何をしてもよいというものではありません。たいていの場合、利用者はその許諾によってどのような影響が生じるのかわかっていません
- 得られた情報のうち、何が保存され、どう使われるのかをはっきりと示します。許諾を得ればよいというわけではなく、説明する責任があります

　スマートスピーカーの場合、ウェイクワードに反応するために、常に音声を解析しつづけています。また、音声認識を行いそれに反応するために、音声データをネットワーク経由でやりとりしています。そういった仕組みを理解した上で使う分には不安はありませんが、理解できずに使う場合、ぼんやりとした不安だけがつきまとってきます。

　プライバシーやセキュリティは利便性とのバランスの問題でもあり、利便性を向上しようとすると、ある程度、情報を渡したり、セキュリティを緩めたりしなければいけない傾向があります。もちろん利便性は大切ですが、プライバシー面、セキュリティ面から譲れないものについては、きっちりと線引きする必要があるでしょう。

プライバシーを渡すことで得られる利便性との両天秤

ペーシング、ミラーリング、相手に合わせて「同質」を感じてもらう

　ペーシング、ミラーリングは、声の抑揚、呼吸のリズムなど、話し方を合わせることで自分に近しい人、自分と同じ考えをもつような人だと相手に考えてもらう方法です。

　相手に受け入れられる話し方、会話にはどういった要素が必要でしょうか？ 相手と自分が同じような話し方、同じような動作をすることで、相手と同じ考えをもつ同質の存在であると認識してもらうことができます。そのためにペーシング（波長合わせ）という、意図的に相手に合わせる手法が使われることがあります。ミラーリングと呼ばれるのは、言葉以外の要素、身ぶりや手ぶりを真似ることによって、相手を鏡に映っている自分のように感じてもらう方法です。

　「うんうん」「なるほど」といったあいづちでも相手に考えが受け入れられていると感じますし、相手が言ったことを繰り返すのもよくあるテクニックの1つです。

　VUIにおいて相手に話し方を合わせたい場合、どのような要素を考えればよいでしょうか？ 身ぶり手ぶりを真似るのもペーシング、ミラーリングの要素の1つですが、VUIの場合は難しいため、これらは省いて考えます。

- 話すスピード
- 話す声の高さ
- 話す声の大きさ
- 話す言葉遣いの丁寧さ
- 話す勢いや声の抑揚、力の入れ加減
- 話のテンポ
- 会話の「間」の置き方
- 相手が使った用語と同じ用語を使っているか
- 相手の状態や感情を読み取って真似ているか
- その背景にある考え方や環境を合わせているか
- 同じ事柄をわかりやすい違う言葉で言い換えているか

　こういった話の合わせ方は、相手の親近感や相手との同一性、同調を感じさせる要素であり、真似しすぎたり合わせすぎたりしても違和感が生じてしまいます。

　現状のスマートスピーカーでは、これらのすべての要素について利用者に合わせるのは難しい面があります。けれども、要素の1つひとつに焦点をあて、どういったやり方が「同調」を産むのかを考えていく必要があります。例えば、ささやき声でスマートスピーカーに話しかけると、返答も小さな音で返してくれる機能は、そういった「同調」の考えを正しく実装した例の1つでしょう。

　また言葉遣いについても、丁寧なのか、くだけた口調なのか、利用者が置かれている状況（急いでいるのか、リラックスしたいのかなど）を想定した上で対応するだけでも、自分と同質なもの、同じようなものあるという感覚が強くなります。生活空間の中に鎮座するただでも異質な物体、感情をもたないデジタルデバイスとしての存在が、できるだけ利用者に「同質」なものと感じてもらえるよう、工夫を積み重ねていく必要がありそうです。

話している言葉がミラー（鏡）になっている状態

言葉のネガティブ要素、ポジティブ要素

　同じ意味をなす言葉でも、少し言い方を変えただけでポジティブに捉えられたり、ネガティブに捉えられたりします。言葉を発した本人はポジティブな意味で考えており、そのような意図はないのに、逆にネガティブに捉えられてしまうような場合もあります。

　人は悪口や愚痴を言ったりネガティブな言葉を発したりすると、一見ストレス解消できたかのように感じますが、実際の脳は、自分が悪口を言われていたり、自分に対してネガティブな言葉が発せられているのと同じような状態になってしまうそうです。その一方、現状や環境が辛い状況だったとしても、ポジティブな言葉を発することで自分にその言葉がフィードバックされ、前向きになれる場合もあるでしょう。会話には意図しないポジティブな言葉もネガティブな言葉も含まれています。言いづらい言葉であっても、言い方を変えるだけで伝えやすくなることもあるでしょう。

　デジタルデバイスの操作や説明、エラーメッセージなどは、意識しないと、どうしてもネガティブな言葉で表現しがちです。例えば「○○できません」「○○はありません」「わかりません」などがこれに当たります。これらの言葉は確かに間違いではありませんが、人と人の会話でこのように一方的に高圧的な言い方をされた場合、どういった印象をもつでしょうか？

　同じことを伝えるのでも「○○できません」ではなく「○○するとできます」「○○は△△でうまくいきませんでしたが、○○するとうまくいきます」など、原因とその対処方法をセットで伝え、「たとえ操作が間違っていたり、うまくいかなかったりしても、決してあなたがすべて悪いわけではない」というメッセージを受け取ってもらうのです。

　こういったポジティブな言葉遣いを、常に自然とできる人は多くありません。意識的にポジティブに言い換えよう、ネガティブな言葉もうまくポジティブに伝えられないだろうか？　と考えなければなかなかそうはなりません。

　サービスや会話を考える際も、初めからポジティブなものを思いつけばよいのですが、必ずしもそううまくはいきません。VUIの会話の設計が進んでいく段階で、会話や言葉からネガティブなもの、負の印象を与えるものをピックアップし、それらを優しい表現、ポジティブな表現に言い換えられないかといった、「ネガポジ部分」に限定した作業を実施すると良い効果が得られます。これらの知見がたまるにつれ、最初から自然とポジティブな表現ができるようになるでしょう。

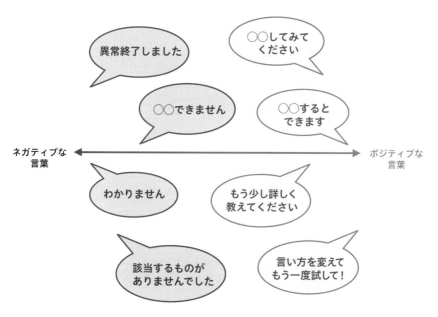

言葉のネガティブ表現、ポジティブ表現

※　参照　『ミラーニューロン』ジャコモ・リゾラッティ，コラド・シニガリア 著，茂木 健一郎 監修，柴田 裕之 訳，紀伊國屋書店，2009
※　参照　『ミラーニューロンの発見 ―「物まね細胞」が明かす驚きの脳科学』マルコ・イアコボーニ 著，塩原 通緒 訳，早川書房，2011

文字を見ないで、声に出して会話の長さを確認する

　スマートスピーカーや音声インターフェースの会話をテストする場合、Webデザインやスマートフォンのアプリ開発などと違い、便利なチェックリストや自動テストツールなどはありません。まだまだ手作業と試行錯誤が必要で、面倒で難しい面があります[注1]。

　会話をテストする方法としてお薦めなのは、文字として書き留めておいたセリフをその場で覚えて、文字を見ないで実際に声に出して話してみるというものです。そこで下記のような点をチェックします。2人以上でチェックできればよいですが、それが難しい場合、自分の声を録音して確かめるのもよいでしょう。

- 頭の中に留めておくことができる長さでしょうか？
- 意味や言葉に引っかかりがないでしょうか？
- 一息で話してしまえるくらいの量でしょうか？
- 話したことがどれくらい聞き取ってもらえるでしょうか？
- 話したことを覚えておけるでしょうか？

　どれくらいの発言であれば聞き取ってもらえるのかをテストする場合、こちらの発言を単におうむ返ししてくれるスマートスピーカーアプリを使うと便利です。自分が話したことがどう認識されるのか、自分の発した言葉をスマートスピーカーが発話するとどんな抑揚になるのかを確かめると、勘所というか音声認識と発話のニュアンスを知ることができます。

　また一般的な「正しく会話できるか？」といった観点でのテストのほかに、よりよく使うためにいくつかの評価基準を考えておくとよいでしょう。提供するサービスによって各基準の重要度は異なるため、優先順位をつけて考える必要があります。

注1　Assistant Conversation Testing Library など、一部機能を自動テストするツールは登場しつつあります。

- 会話の精度、正しさ
- 明快さ、突っかかりのなさ（言葉の面と、「間」やスピードの面）
- 認知負荷（スムーズに理解できるでしょうか？ 何か覚えておかなくても利用できるでしょうか？）
- 効率性（目的を達するまでの手順の短さ、操作の容易さ）
- 曖昧さの解消（異なる意味で捉えられる言い方、表現が存在しないでしょうか？）
- 文法の正しさ（極端に強調したいなどの特別な場合を除き、正しい言葉の順序で文を組み立てます）
- 話し言葉、書き言葉（会話の設計段階では意外と見落としがちです）
- 専門用語の有無（自分ではわかっていても、利用者にとって適切な言葉でしょうか？）

　自分の知識や好みなどに影響されないよう気を配りつつ、客観的に何度も聞いたり話したりを繰り返すとよいでしょう。何度も聞いたり話したりしすぎて訳がわからなくなった場合は、声を録音して聞いたり、録音した声の再生スピードを速めて、それでもちゃんと聞き取れるかテストしたりすることで対処できます。

　VUIのテストに関しては「081　会話をテストする。期待どおりか、そうでないかはどう見分ける？」「083　VUIのテストの仕方、観点」「089　発話内容が確認できるやまびこテスト」「097　背中合わせのテストが生み出すスムーズな会話」の項も参照してください。

文字を見ながら話す場合と文字を見ないで話す場合

音声インターフェースを使うと性格が悪くなる？

　顔の見えないスマートスピーカーと対話する際、初めは丁寧にお願いする口調で話していたとしても、だんだん慣れてくるとぞんざいで荒い言葉を使う傾向がみられます。

　例えば「ねぇGoogle、今日のお天気を教えてもらえる？」などと言っていたのが、慣れていくと、効率を重視するせいか「ねぇGoogle、天気」などと体言止め的な会話になる場合もあります。もちろん、どちらでも同じ回答が得られますが、そうなるとスマートスピーカーとの関係性は最初の親密な相棒から、命令口調でお願いする主人と召使いといった感じになってしまいます。

　スマートスピーカーが設置されている場所が部屋の隅や隣の部屋だったりした場合、スマートスピーカーに認識してもらいたいがために大声になり、どうしても強い口調になってしまうのも1つの理由です。例えば、キッチンで料理しながらリビングにあるスマートスピーカーに対して「タイマー5分！」などと叫ぶことも、ごく普通の出来事として考えられます。

　言葉が荒くなる、命令口調になる1つの理由は、まだまだスマートスピーカーが万能ではなく、さまざまな場面において正確に会話を理解することができないこと、正しく返答できない場合が多いことにあります。頼りない会話、間抜けな返答が繰り返されると、人間はどうしてもその相手を下に見て、期待をせずに命令するだけになってくるのです。

　この言葉遣いについては、スマートスピーカーの開発メーカー側でも認識しており、特に子供たちがスマートスピーカーに対して発話する際、荒い言葉、命令口調の言葉になることが認識されています。対策としては、必ず「プリーズ（お願い）」と言わないと音声認識が反応しないとか、「○○と言ってください」と会話例を導く方法が考えられていますが、いまだ根本的な解決には至っていません。

　また、スマートスピーカーの標準的な音声が「女性の声」であることも強い口調になりがちな1つの理由であると言われています。決して男尊女卑を冗長する意図

はありませんが、女性の優しい口調で話しかけられたり返答されたりすると、自分が上の立場であると勘違いしてしまう人もいるようです。そのため男性の声にも女性の声にも聞こえるような、中性的でジェンダーレスな、実在しない人物の声を機械学習によって生成するという研究も進んでいます。近いうちにスマートスピーカーの音声は、好みによって男性の声、女性の声、渋い声、柔らかな声、落ち着いた声などの声種が選べるようになるほか、標準的な設定として、ジェンダーレスで、女性とも男性とも判断がつかない、若々しさも感じるが、年齢を重ねた落ち着いた口調でもあるような、中庸的な声が使われるようになる可能性が高いでしょう。もちろん音声サービスの種類によって適切な声質も変わってくるので、多様性が高く、選択の幅が広いほうがよいと考えられます。

COLUMN　VUI/VUXのヒントになるお薦め書籍　その⑦

●　『声の文化と文字の文化』
ウォルター・J. オング 著, 桜井 直文 他訳, 藤原書店, 1991

　1982年に出版された書籍の日本語版です。口頭伝承のような声の文化と書籍を中心とした文字の文化、声の文化特有の記憶形成、声特有の物語の表現、書くことによる意識の変化、声に出すことによる意識の変化などについて紹介されています。

　大昔、人類は文字で何かを書き留めることはしておらず、声だけでコミュニケーションをとり、記録さえも声と記憶で行っていました。その後、文字や印刷技術の発展により、そのままでは記録として保つことが難しかった声が、文字として形を留められるようになりました。

　本を読む方法には、声を出す音読と声を出さずに読む黙読がありますが、声を出して読んだほうが意味を理解しやすく、また文章の間違いや違和感にも気付きやすいのではないでしょうか。発話後は人の記憶にしか残らない声だけの言葉と、読み書きによって何度も目で見て書き直し、記録できる言葉とは異なります。

　VUIデザインでも話し言葉と書き言葉の違いを考えることによって、より適切な会話が設計できるのではないかと考えています。

COLUMN　VUI/VUXに関する情報源●お薦めTwitterアカウント

最新の情報を入手するにはTwitterが向いています。

次に紹介するアカウントのほかにも、キーワードやハッシュタグを検索するのも有益でしょう。

- @voicebotai voicebot.ai
- @VUIagency　VUI.agency
- @alexadevs Alexa Developers
- @ActionsOnGoogle Actions on Google
- @VUXworld VUX World
- @AmazonEchoJP Amazon Echo JP
- @UiVoice　Voice UI Media

COLUMN　VUI/VUXに関する情報源●公式ドキュメント

どのプラットフォームも公式ドキュメントが大変充実しています。何か困ったこと、悩むことがあれば、まずは公式ドキュメントを探してみましょう。更新頻度が高いため、前に見た情報が古くなっていることも多いです。

- Action on Google / Conversation design
  https://designguidelines.withgoogle.com/conversation/
  https://developers.google.com/assistant/conversational/df-asdk/design

- Amazon Alexa Voice Design Guide
  https://developer.amazon.com/ja/designing-for-voice/
  https://developer.amazon.com/ja-JP/docs/alexa/alexa-design/get-started.html

- Siriスタイルガイド
  https://developer.apple.com/jp/siri/style-guide/

- Siri Human Interface Guidelines
  https://developer.apple.com/design/human-interface-guidelines/siri/overview/introduction/

- Principles of Cortana skills design
  https://docs.microsoft.com/en-us/cortana/skills/design-principles

- CLOVA Extensionのデザインガイドライン
  https://clova-developers.line.biz/guide/Design/Design_Guideline_For_Extension.md

第 5 章

命令ではなく、会話として
やりとりする方法、原則、
デザインパターン

038

VUIにおけるプリンシパル、デザイン 10ヶ条

プリンシパル (Principle) というのは原理、法則といった意味です。ここでは、VUIにおける一般的な法則、守るべき原則にはどんなものがあるのかを列挙してみます。これらはプラットフォームやテクノロジー、デバイスに関係なく当てはまり、時代を超えて普遍的なものだと考えられます。

1. 声や口調、話し方に個性を与える

2. 一方的な会話ではなく、対話を成り立たせる

3. 簡潔に必要なことを端的に話す。横道にそれない

4. その場の状況、環境に合わせる。配慮する

5. 語順に注意し、印象や記憶に残るよう言葉を組み立てる

6. キーワードやコマンドに依存したり指示したりせずに、会話として成り立たせる

7. 感情に寄り添う。急いでいたりイライラしていたり困っていたり。人と同じように考えられるよう対応する

8. 単なる操作ではなく会話であり、対話であることを重視する

9. 人との会話とともに成長し、賢くなっていくものを目指す

10. 人の記憶に残る、理解しやすい覚えておきやすい語順の会話を重視する

VUIにおけるデザイン原則10ヶ条

039

言葉による共感

　VUIが、対話を通じてユーザーの「共感」を得るには、どのような言葉遣いが望ましいでしょうか？

　「共感」というのは日本語では1つの言葉ですが、英語にはSympathy（シンパシー）とEmpathy（エンパシー）という2つの言葉があります。

　シンパシーは、相手の感情そのものはわからないけれども同情する、思いやる気持ちがある、あわれむといった、寄り添うかたちの「共感」です。相手の感情が完全には理解できず、自分が同じような体験、経験をしたことがなく、相手の感情を想像しきれなかったりしても、その状況に寄り添うことが誰もができる「共感」と言えます。

　エンパシーは、ほかの人の感情をそっくりそのまま自分の感情であると感じ、理解することです。理解する、感情移入する、同調する、意気投合するとも言い換えられます。例えば、「自分も同じような事故にあって大変な思いをした経験があるので、今回の事故の辛さについてとても共感した」といった「共感」がエンパシーです。この場合、自分が同様の経験や知見がないと真の意味でエンパシーを抱くのは難しいと考えられています。

　では、人間ではない机の上に鎮座するスマートスピーカーのVUIに対して、寄り添ってくれている、自分と同質な存在であると感じてもらえる話し方にはどんな要素が必要でしょうか。

- VUIの場合、口調や語調で感情を読み取ることが困難です。そのため、言葉や言葉遣いそのもので感情表現をし、感情的な要素を意識的に伝える必要があります

- 人間のほうにVUIが寄り添っている、共感しているという状況が意図的に伝わるよう、言葉を選んでいく必要があります

- VUI周辺のテクノロジーとしては、現在のところ人間の言葉に含まれる「感情」や「共感」のニュアンスを正確に読み取るまでにはなっていません。それらが

読み取れて、対話に生かすことができれば、より良い対話が生まれることは明確です

- 喜怒哀楽、感情の上がり下がりがわかるように意図的に言葉を選んでおくと、感情に対するユーザーの共感が得られる場合があります
- 自分の予想する言葉、自分が期待したとおりの言葉で返答があった場合、その内容にかかわらず共感の割合は高くなります
- 共感が強すぎるのも問題で、適度な距離感、適切な共感の度合いをコントロールする配慮もあったほうがよいでしょう。共感が強すぎると、「こういうときには必ずこういう対応をすべき」と行動や結果を自ら制限してしまったり、「自分はこんなに共感しているのに、なぜ思ったとおりに対応してくれないのか？」と失望感を抱いてしまったりします

COLUMN　VUI/VUXのヒントになるお薦め書籍　その⑧

- **『日本語は親しさを伝えられるか（そうだったんだ！日本語）』**
  滝浦 真人 著，岩波書店，2013

　日本語には敬語がありますが、逆に「親しみを表すための言葉はないのだろうか？」という観点で、標準語やあいさつの言葉、コミュニケーションのための言葉、時代とともに変化してきた言葉を紹介する本です。

　著者によると、敬語は日本文化において重要な言語表現ですが、人と人との距離感を一定に保ち、それ以上親しくならないよう関係性を単純化するものとも捉えられるそうです。本書では、方言を話す人同士の親近感や、標準語でのコミュニケーションとの違い、そもそも確固たる標準語というものはあるのだろうか？ という観点から、言葉について詳しく解説しています。言葉による安心と、さらにその先にある言葉による信頼について掘り下げ、この先の日本語はどうなっていくのかを示唆している書籍です。

040

音声コマンド体系のデザイン

「038　VUIにおけるプリンシパル、デザイン10ヶ条」でコマンド的なVUIは
よくないというプリンシパルを紹介しましたが、一度覚えると確実に操作できる音
声コマンド的なVUIが重宝される場合もあります。SFドラマ『スタートレック』に
出てくる宇宙人クリンゴン人は、クリンゴン語という濁音の多い、短い言葉で会話
しています。クリンゴン語が短い理由は、戦闘の最中には長い会話を聞いていられ
ず、雑音や騒音が多い中で、聞き間違えないよう洗練された言語であるということ
らしいですが、真意のほどはさだかではありません。

クリンゴン語のような架空の言語ではなく、VUIで使われる言葉においても、同
様の考え方で使われる「音声コマンド」体系があります。あらかじめ決められた短
く適切な言葉を発することで、スマートスピーカーに発話を正しく認識してもら
い、スムーズな対話につなげることができます。

便利に使える音声コマンドをスマートスピーカーとの会話、対話に取り入れるに
は、次の要素が必要です。

- 覚えやすい、忘れにくい短い言葉を使います。その言葉を覚えておくきっか
けを作り、必ず用途から連想される言葉を選ぶとよいでしょう。例えば「タイ
マースタート」とスマートスピーカーが話したら、そこから連想される「終了」
のための言葉は、「止めてください」などの長い言葉ではなく、「ストップ」です
- 誰が発話しても聞き取りやすい、ほかの言葉と間違いにくい言葉を選びます
- イントネーションやアクセントの変化を少なくします。感情や方言によってイ
ントネーションやアクセントが異ならない言葉を選びます
- 社会的、日常的に使っても違和感のない言葉、使っていて恥ずかしくない言葉
を選びます
- その一方、音声コマンドに日常的には使わない造語や略語のような言葉を取り
入れるのも1つの方法です
- 「てにをは」を削り、単語の羅列で意味が伝わるように考えておきます。例え

ば、「アラームを設定してください」という文が音声コマンド的に変化すると「アラーム設定」などとなります

- カスタムコマンドなどで個別に設定する場合は、普段使わない、普通の会話では登場しづらい言葉を音声コマンドとして選択するのも1つの工夫です

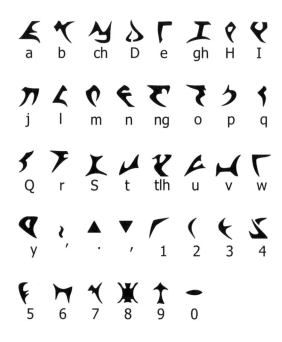

スマートスピーカー：sev
音声インタフェース: ghob
言葉: mu'
会話: yuv

クリンゴン語の文字と、戦闘コマンド的な言語（Bing 翻訳によるクリンゴン語翻訳）。
同じ意味でも言葉が短いことがわかる

041

従来型のIVR音声対応から学べること、IVRと違う考え方

IVR (Interactive Voice Response) とは、電話自動応答システムのことで、電話での応対をコンピュータが代行してくれる古くからあるシステムです。宅配便の再配達窓口、製品サポートや銀行、病院などの窓口に電話すると、「○○の方は1を、△△の方は2を押してください」などと言われる電話対応の自動システムのことです。自動応答を利用する企業側としては、対応人員の削減、対応時間の削減などがメリットとして挙げられます。

IVRは電話対応に多くの人員を割かなくて済む代わりに、人間のような柔軟な対応、会話はできず、あらかじめ設計された選択肢を選んでもらい、あらかじめ用意された回答を答えるか、対応する窓口、オペレーターに導くことしかできません。そのため、対応にもどかしさを感じたり、自分の求める選択肢がなくてイライラする場合もあります。

例えば、選択肢が5つあった場合、それらをすべて音声で伝えられ、その中から自分が求める適切な選択肢を選ばなければいけないとすると、頭の中ではどういうことが起こるでしょうか？ 1つ目、2つ目の選択肢の内容を聞き、自分の要求と合っているか合っていないかを判断しつつ、数字ボタンを押すことを考えつつ、選択肢が少し違っているものや、少し被っているものがあれば、その内容を覚えつつ、次の選択肢を聞くために意識を音声に戻します。それを5回繰り返すのです。5回目には最初の選択肢が何だったか、もう忘れているかもしれません。そして、忘れてしまうとまた最初の選択肢から聞き直さなければいけません。また選択肢の階層が深く、一度間違うと元に戻れないかもしれないという変な緊張感もあります。

IVRの場合、音声メニューによる選択肢を最後まで聞かなければいけない場合も多く、たとえ選択肢を読み上げている途中でボタンが押されても反応するIVRだったとしても、より適切な選択肢があるかもしれないと、最後まで聞いてしまう場合もあります。人と人との電話（通話）においてイライラする要因の1つに、電

話の取次に時間がかかり「電話口で待たされる」という状態があります。そう考えると、IVRは常に「電話口に待たされている」状態のため、人々がイライラを募らせるのも理解できます。

その一方、人が行う場合は属人化しがちな対応を、IVRではログを取ることで、流れを平滑化し、選択肢を最適化するという改善が可能になります。世の中的には、改善されないIVRも数多くありそうですが、IVRによる受け答えの設計は、改善が進めやすい事柄の1つであり、良い事例または反面教師としてVUIへ生かすことができるでしょう。

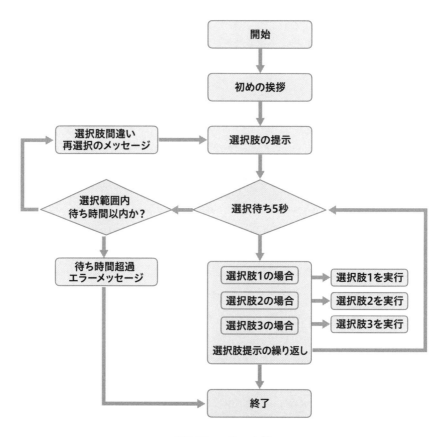

IVRのフローチャート例

042

子供向けの丁寧な言葉遣い

「40　音声コマンド体系のデザイン」の項で紹介したように、スマートスピーカーと会話する際、言葉が荒くなる、命令口調になってしまう問題が表面化してきています。では、子供のための会話設計を考えたとき、丁寧な言葉遣いができるよう、VUIで配慮できることは何でしょうか？

幼児期であればまだまだ言語体系が確立しておらず、使える言葉の数も限られています。また、意味がわからない言葉、知らない言葉も多いでしょう。親や兄弟などの話す言葉を単に真似ている場合も考えられます。

小学生であれば、自由闊達に言葉を使いこなすようになってきますが、それでも言葉遣いや使う言葉は周りからの影響を強く受けています。

中学生くらいであれば、個人として言葉遣いが確立されてきますが、変にかっこつけたり、丁寧な言葉遣いを恥ずかしがる傾向があったりするでしょう。

これらの要素を考えると、言葉の使い方がまだ揺れ動いている世代に、使える言葉の範囲で、できるだけ正しい言葉で会話できるとよいと考えられます。

次のような観点で会話を設計し、子供との対話時のポイントを考えていきます。

- 子供言葉を使いません。意外かもしれませんが、子供は「子供扱い」されるのを一番嫌がります。変に子供に配慮した幼い言葉を使うのではなく、大人も使う「やさしい」言葉を選ぶようにします
- 子供は待ちません。大人は理由や仕組みがわかっていれば「待つ」ことができますが、子供はそこにどんな理由や技術的制限があったとしても、基本的に「待つ」ことはしません。どうしても「待つ」必要がある場合はほかのことをさせておくか、待つことそのものを何か違う会話で置き換えるなど、工夫が必要です
- 子供は、その対応が正しいことだったとしても、自分が思ったとおりにいかないと不満を募らせます
- 自分のせいでうまくいかなかったことも、相手のせいだと考えがちです
- 過度な敬語や丁寧すぎる言葉を避け、家庭で使われる「丁寧な」言葉遣いがよいでしょう

- 上から目線、またはへりくだりすぎる会話ではなく、友達に近い、または身近な大人や学校の先生に対する言葉遣いのような会話の距離感を考え、言葉を選ぶ必要があります

- 子供が知らない言葉が出てくる場合がありえます。それは単に学校で習った言葉かどうかだけではなく、生活環境によってわかる言葉、知らない言葉、滅多に使わない言い回しなどの意味がわからない場合や、曖昧にしか意味がわからない場合、もしくは意味やニュアンスを間違って覚えている場合もあります

- うまくいったことを喜び、何度も何度も同じことをしようとし、同じことを飽きるくらい繰り返して楽しむ傾向があります

- 過程や前提が成り立たない場合が多くなります。これは知っているだろうと大人が考えることを知らない場合もあります

- 滑舌、発音が悪かったり、イントネーション、アクセントの場所が正しくない場合があります。人と人の会話であれば正しく解釈できることも、VUIでは間違って解釈される場合もあります

- 話すスピードについてこれない場合があります。複雑な事柄については、子供が理解しきれていないのに次の会話に移ってしまわないようにします

- 「はい／いいえ」の選択肢をもたないオープンクエスチョンの場合、どの言葉を使ってよいのか、どう回答してよいのかと悩んでしまう場合があります

- 適切な言葉を選択する際、一般的に使われている用法だとしても流行り言葉や略語は使わず、「正しい」言葉、「正しい」用法を心がけるようにします。例えば、「全然」という言葉は基本的には否定的な用法で使います。「全然ない」「全然困らない」などといった使い方です。この言葉は、「全然大丈夫」「全然ある」のように、昨今、否定的ではない文脈でも普通に使われますが、人によっては少し不自然なニュアンスを感じてしまいます

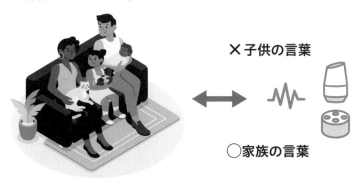

×子供の言葉

○家族の言葉

子供言葉を使わず「家族の言葉」を選ぶようにする

043

「間」の大切さとその種類

　会話において「間」が大切なことは誰もが実感している事柄です。漫才や落語、アナウンサーや実況中継など、さまざまな発話において、適切な「間」は言葉そのものと同じくらい重要な要素です。

　一口に会話の「間」といっても、いろいろな意味合いの「間」が存在します

- 話を区切る、文章の区切りとしての「間」
- 話を理解するための時間としての「間」
- 考えをまとめるため、次の言葉が出せないでいるときの「間」
- 相手の会話のペースに合わせるための、同調、合意の意味での「間」
- 空きすぎて違和感が生じない程度に空けられた「間」

　ある国際線の機内アナウンスで、「間」の大切さを再認識した出来事があります。国際便での乗客へのアナウンスとして、英語でのアナウンスは搭乗した機内クルーがその場で発話していたのですが、日本語のアナウンスは、あらかじめ録音された音声が再生されました。しかし、その日本語アナウンスには、なぜか「間」がほとんどなく、次から次へ息つく間もなく言葉が繰り出されていたのです。アナウンス自体は流暢で綺麗な話し方だったのですが、本来あるべきの「間」が削られているため、とても不安で、急いでいるような違和感を覚えました。

　人間は「間」があることで、そこまでに言われた言葉を聞き取り、それを理解し、解釈する時間が与えられます。「間」がないと、聞き取ることだけで精一杯になり、理解したり、解釈する余裕がなくなってしまうのです。間の解釈の時間に関しては「027　聞き取りのタイミングと意味を理解するタイミング」でも詳しく紹介しました。

　つまり、発話がゆっくりであるか「間」が十分あれば、考える時間、その言葉を解釈する時間を十分にとることができるので、印象に残りやすく、そのため記憶にも残りやすくなります。

　一方、すべての会話でゆっくりと「間」をたっぷり開けていては文字通り間延びしてしまいます。緩急を設けて、素早く発話するところ、「間」の短いところと、普通に発話するところなどを取り混ぜ、調整することで、会話に強弱が生まれてきます。

　「間」のポイントをいくつか紹介しておきます。

- 会話の切り替わり、内容の切り替わりの際は、長めの「間」で切り替わりを示します
- 会話で示す事柄と次の事柄が起こった時間、ある内容と次の話の内容に時間が経っている場合は、「間」によってその時間の長かったことを示します
- 会話の内容をしっかりと理解してもらいたいとき、会話から何かを想像したり考えたりしてもらいたいときに、長い「間」をとります
- 文章の中で、何か別の「発話」を示す場合には「間」を入れます
  　　例：サービスを終えたいときには（間）「完了」（間）と言ってください
- 文章であれば、句読点で区切りを読み取ることができますが、発話の場合それが難しいので、句読点や読点の意味として「間」を用います
- つなげて聞いてしまうと、解釈を間違えてしまう言葉を区切る意味で「間」を使います
  　　例：貴社の記者が（間）帰社した。（「間」があるのとないのとでは、理解しやすさが異なります）
- 文章が一息で言えないような長さの場合、「間」を入れることで息苦しさを感じず聞き取ることができます

会話	話を区切り、文章の区切りとしての「間」	会話
会話	話を理解するための時間としての「間」	会話
会話	考えをまとめるため、次の言葉までの「間」	会話
会話	同調、合意の意味での「間」	会話
会話	違和感が生じない程度にあけられた「間」	会話

会話における「間」

044

会話の聞き手が話し始めるタイミング

　人間が相手の場合は、視線や身ぶり手ぶりで、発言が終わって聞くモードになっているのかどうか？　次に話し始めるタイミングは今なのか？　などを比較的正確に読み取れます。しかし相手が顔の見えないスマートスピーカーの場合、そうはいきません。

　スマートスピーカーとの会話を始めるのはもちろん人間側で、最初に要求やお願いごとを話すのは人間ですが、その後、スマートスピーカーから問いかけて、選択肢などに返答を求める場合もあります。その際、人間側が発話するタイミングを、正確に把握するにはどうすればよいのでしょうか？　トランシーバーなどで交互に一方通行の会話をする場合は、末尾に「〜どうぞ」とつけながら発言の終わり部分を示しますが、これは普段のコミュニケーションとしては違和感のある方法です。

　一般的に次の会話を始めるタイミングは、以下の要素で判断されます。

- 相手の話が終わって、その後話し始めないことを確証してから話し始める
- 同じようなタイミング、「間」で順番に話す。そして次のタイミングを見計らう

　中には発言の終わりを気にせず、人の話を遮って自分の言いたいことを話し始める人もいますが、たいていの場合、相手の言葉を待ってから次を話し始めます。しかし、人より先に話さないと、ここで話しておかないと忘れてしまうと考えがちの人もいます。

　人には必ず息継ぎのタイミングがあります。そのため、相手がまだ話しつづけたいと思っているにもかかわらず、少し「間」が空くことで、相手の会話が終了したと思ってしまう場合もあります。もちろん文脈的に途中だったり、顔や身ぶり手ぶりが続いている場合は、続きがあると理解できるでしょう。

　けれども、スマートスピーカーの場合には息継ぎは必要ありません。いつまでも喋りつづけられます。ですからなおさら、次は相手に話してもらいたいときは、明

確に「私（スマートスピーカー）の話は終わりました。次はあなたからですよ」または「私（スマートスピーカー）の質問は何々、これこれです。あなたの返答は？↗（質問調なので語尾が高くなる）」と発言すれば、会話をバトンタッチするタイミングを伝え、次につなげることができます。

　なかなか話が引き出せない場合には、長めの「間」をとることで発話を促す場合もあります。その際、「次に言い出すことがわからずに困ったり、悩んだりしている」「もっと丁寧に話して説明してくれないかと思っている」「会話の内容を忘れてもう一度話してもらいたいと思っている」など、さまざまな要因が考えられるので、それらをカバーすることも考えておくとよいでしょう。

　人と人の会話においても、あまり顔色を意識しすぎて、忖度(そんたく)してしまい、言いたいことが言えないようであれば、本末転倒です。スマートスピーカーとの会話においても、言いたいことが適切なタイミングで言えない場合、小さなストレス、失敗の記憶になり、次に使う際に戸惑いを感じてしまうはずです。

　また、人間のほうが最後まで話していないのに途中でスマートスピーカーから話しかけられると、何だか話を聞いてもらえていない気分になり、言い直すのも面倒になってしまいます。発話のタイミングには、いろいろな工夫が必要です。

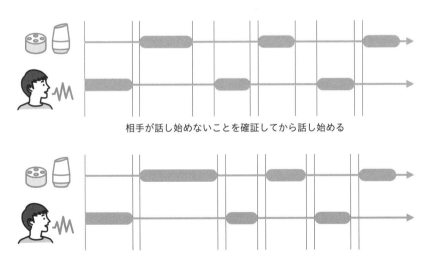

相手が話し始めないことを確証してから話し始める

同じようなタイミング、「間」で順番に話す

会話における話し始めのタイミング

第 6 章

Voice UI として守るべき UX

Amazon Alexaの公式ドキュメントより VUIの勘所を知る

VUIの勘所を知るには、まずは何はなくとも公式ドキュメントを隅から隅まで読み込むことをお薦めします。Alexaの開発そのものに携わる多くのエンジニアやデザイナーが、より多くの開発者にAlexaを最大現に活用してほしいと考え精魂込めて用意したのが公式ドキュメントで、内容も量も大変充実しています。また日本語訳も整備されており、読みやすくなっています。Alexaというプラットフォームの思想やポリシーを公式ドキュメントから読み取ることができるのも良い点です。

Alexaデザインガイドによると、Alexa体験の基本要素として次のことが推奨されています。

- 柔軟性をもたせ、ユーザーが自分の言葉で話しかけても理解してもらえること
- パーソナライズを進め、個人個人に合わせて対話を最適化すること
- わかりやすく。階層型メニューではなく、すべての要望に1回で到達できるように
- 自然な会話に。一方的な指示や質問ではなく「会話」として成り立つように

Alexaのセリフについて Amazon の開発ガイドライン[注1]には次のような要素が記載されています（以下は著者の解釈、注釈を書き加えたものです。正確な記述はWebページを参照してください）。

- 一息で話せる長さ（声に出して読み上げることでチェックできます）
- 自然なセリフ（話しやすい雰囲気づくり）
- 質問によるユーザー発話の方向付け（質問を投げかけて曖昧さを避けます）
- 会話の目印を利用する（「まず」「それから」「わかった」など）
- 同じことばかり言わず、会話に変化をつける（特にあいさつ系の言葉）
- 言葉の統一（動詞と名詞はいつも同じ言葉遣いを）

注1　https://developer.amazon.com/ja/designing-for-voice/what-alexa-says/

- 過去の発話を覚えておく（中断と再開に対応する）
- 問題が発生した場合の対応（いつもより特に丁寧に。「認識不可」みたいな言い方はしない）
- 文脈に沿ったヘルプの提供（ヘルプはなるべく少なくて済むように）
- 録音されたオーディオの利用（ときには音源やラジオ、声優の声なども活用する）

また、会話のやりとりにおいて確かな信頼を得るために必要な内容として、次のような要素が記載されています[注2]。

- 不快感を与えるコンテンツを提供しないこと。特に不適切な翻訳に注意
- ユーザーが求めていない余計なコンテンツを提示しないこと（意図しない広告など）
- リスクの高い場面では必ず音声で確認すること（アラームの設定や購入確認など）
- 文章を読み上げているような感じではなく、親しみやすい口語表現を使うこと
- できないこと、不確実な約束をしないこと。会話から逃げないこと
- 不用意にプライバシーに関わる情報を読み上げないこと
- エラーに関して納得のいく明確な情報と、対処方法を示すこと

ざっと主要な要素を列挙しただけでも、なるほどと納得のいく大切な事柄がわかります。何か迷ったら公式ドキュメントを参照し、指針とするのがよいでしょう。

> ※ 参照 「Alexa デザインガイド」
> https://developer.amazon.com/ja-JP/docs/alexa/alexa-design/relatable.html

---

注 2 https://developer.amazon.com/ja/docs/alexa-design/trustbusters.html

Googleアシスタント公式ドキュメント よりVUIの勘所を知る

Googleアシスタントの公式ドキュメント[注1]も、Alexaとはまた違った雰囲気で スマートスピーカーのプラットフォームに限定されずに役立つ資料です。Alexaの 公式ドキュメントには、エンジニアリング面、仕組みの面から推奨すべき使い方 が書かれていたのに対し、Googleアシスタントの公式ドキュメントには、利用者 の体験の面から推奨すべき内容について詳しく書かれているのが特徴です（以下は 引用ではなく、著者の解釈を追記しています。元の記述を参照する場合は、Web ページの最新コンテンツをご確認ください）。

- 会話は短く。相手の時間を尊重します。単刀直入に邪魔にならないように
- 相手を信頼します。1人ひとりそれぞれの会話の仕方があります
- システム側にとって便利な機械的な言葉を、無理やり喋らせることがないよう にします
- 文脈、そのときの状況、環境を意識して、関連する役立つ内容を話します
- 本来の目的から気をそらすことなく、会話として心地のいいやりとりができる ようにします
- 初めて使う人を引き込みつつ、使い込んだ人は手早く使え、何度も使ってもら えるようにします
- 会話は交互に。一方的に質問するだけでなく、会話のキャッチボールを行います
- 勝手に想像して、口に出されていないことを予想し、決めつけないでください。 VUI側は選択すべき事実を伝えますが、決定権をもち、決めるのは相手です

◎ 会話で気をつけること
- あなたが誰であるかをユーザーに伝えます
- 適切な量の情報を提供します
- 会話を適切に終了します

注1　https://design.google/library/conversation-design-speaking-same-language/

- 一方的ではない会話を組み立てます
- 一貫性を保ちます
- 失敗するときは優雅に

◎ 音声サービスとして心がけること

- **VUI に個性を与えます**
  サービスとして個性を考えるかどうかにかかわらず、すべての声には何らかの
  ペルソナが投影されます

- **会話を先に進めます**
  より多くの情報を提供し、ユーザーからの有益な回答を得ることで、会話を次
  に進められる方法を考えてみてください

- **簡潔に、関連性を高めてください**
  メッセージは短く関連性のあるものにしてください。話す順番はユーザーに任
  せます。ユーザーが明らかにわからなくて困っているか、またははっきりした
  メリットがない限り、面倒で長々とした説明を行わないでください

- **状況、コンテキストを活用します**
  会話を追跡し、ユーザーのコンテキストを「認識」しつづけることで、会話を
  効果的に進めることができます

- **単語の順序によってユーザーはストレスを感じます**
  重要なことにユーザーの注意を向けさせるには、語順への期待とストレスを感
  じる語順について配慮が必要です

- **音声コマンドで扱うよう仕向けないでください**
  話すことは直感的な行動です。コマンド的な言葉を使う必要がある場合、会話
  設計かサービスデザインか、どちらかが間違っています

　ここで書かれていることは納得がいくことばかりですが、では、どういう会話を
設計すれば良いのか？ 実際にどうするのが良いのか？ はいろいろと考える必要が
あります。あまりここに書かれている事柄にとらわれすぎて何も先に進めなくなる
のではなく、いろいろと作って試していきながら、これらの指針に合致しているか
どうかを確かめていくのがよいでしょう。

※ 参照 「Conversation Design: Speaking the Same Language」
　　https://design.google/library/conversation-design-speaking-same-language/

IBM Watson Assistant
公式ドキュメントよりVUIの勘所を知る

IBM Watson Assistantの公式ドキュメントも会話を設計、構築するために大切な事柄を数多く知ることができるドキュメントです。IBM製のスマートスピーカーとして販売されている商品はありませんが、IBM Watson Assistantは、VUIの勘所を知る意味で参考になるテクノロジーの1つです。英語で記述されている公式ドキュメントに記載された内容から大切なポイントを紹介しておきます。

- **相互理解を実現**
  利用者のためのデザインを考え、日常の会話のように対話を調整します。人に応じてさまざまな話題や詳しさのレベルがあるので、それに合わせます

- **一番少なく**
  わかりやすさを犠牲にすることなく、会話を最小限に抑えるよう努めます

- **言い直す・会話の修復**
  話がうまく伝わらなかった場合、言い換えたり詳しく説明することで誤解を修復します。必要に応じて言い直したりして、会話を修復することを前提として考えておくのであれば、最初から会話が完璧にうまくいく必要はありません

- **最初のユーザー向けに**
  会話型エージェントは、いつでも自分ができることや知っていることについて説明できるようにしておかなければなりません。「何ができるんですか？」のような質問にも回答できるようにしておかなければなりません

- **段階的に示す**
  一度にすべてを提示するのではなく、段階的に次々と話を進め、質問を小さな塊に分割します。一度にすべてを聞き出そうとせず、段階的に1つひとつ質問することで知りたいことを聞き出します

- **会話の履歴**
  会話が現在どこまで進んでいるのかを把握できるようユーザーに示します。音声を用いた操作では、会話を繰り返すことで現状を伝え、現在会話のどの段階にいるのかを示します

- **会話の補足**

  スマホアプリとの連動や可能な場合はスマートスピーカーの画面を活用して会話を画像で補足します。例えば、地図を表示し目的地の場所を「X」で示せば、会話だけのときよりも複雑な情報を簡単に伝えることができます

- **複数の方法で反応する**

  画面が使える場合は視覚的なユーザーインターフェース、画面がないときは音声を用い、ユーザーに反応を返します。要求が正しく聞き取れたかどうか、またはお願いごとが実行されたかどうかを明確に示します。システム側の処理のために待ち時間が発生するようなときに、待つ必要があることをユーザーに伝えることができます

- **失敗するときは潔く**

  会話エージェントが言葉を理解できずに失敗することを恐れないでください。人間同士でさえ時々お互いを理解できていません。理解できたこと、理解できていないことを伝えることで利用者は正しい判断をし、言い直すことによって会話の修復が可能になります

- **声の人柄**

  ユーザーの人物像を想定するのと同じように、会話エージェントのペルソナ（人物像）を作成します。あなたが開発する会話エージェントはどのくらい真面目で仕事に徹する人物像ですか？ それとも感情を表に出し、冗談を言ったりするような人物像ですか？ それによって適切な会話を考えることができます

　ここで紹介した事柄を取り入れることで自然で効率的な会話、間違いの少ない会話を設計することができます。これらはユーザーにとってより良い会話体験を考える際、とても役に立つ工夫です。

※　参照　「Talk meets technology - Conversation design guidelines」
　　　https://conversational-ux.mybluemix.net/design/conversational-ux/
※　参照　「Practices - Create agents that converse, inform and delight.」
　　　http://conversational-ux.mybluemix.net/design/conversational-ux/practices/

Siriのデザインガイドラインより VUIの勘所を知る

　いち早く音声コントロールに対応したApple iOSのSiriについては、HomePod という純正スマートスピーカーが登場し、日本でも購入できるようになりました。
　Siriの指針は下記のとおりです。

- 画面を触ったり見たりする必要のない、音声だけで完結する体験を目指します
- 迅速に対応し、デバイスとのやりとりを最小限に抑えます
- 人々をコンテンツに直接連れて行くようにします。コンテンツを提示するだけ で次に何か操作が必要な設計はよくありません
- 会話と返答に関連性があり、正確な会話が成り立つようにします
- そもそも発話や返答が適切であるようにします
- リクエストが金銭的な影響を与える場合、最初に最も安全で低い価格を提示す るようにします
- パーソナライズを進めることで、精度を高めます
- 困ったときには回答の例、リクエストの例を提示します
- 音声で許可なく広告宣伝してはいけません

　一般的なスマートスピーカー用の対話を考えるとき、「Siriなら何と言うか？」を 会話デザインの最初の事例として参照し、それをもとに会話を組み立てていくのも わかりやすく便利な方法です。会話に困ったらSiriに聞いてみるのです。詳しくは 「088　会話のバリエーションに悩んだらスマホでテスト」で取り上げています。

iPhone Siri の応答例

※ 参照 「Siri Human Interaface Guideline」
https://developer.apple.com/design/human-interface-guidelines/siri/overview/
introduction/

VUIは相手の時間を拘束する。より良い体験にするために

　音声や音楽の特徴は、「ながら」が可能なことです。ラジオやお喋りなど、何かをしながら、話したり聞いたりすることができます。

　一方、聴覚は遮断することが難しい感覚です。視覚については、しっかりと見ない、注視しないといったことが可能ですが、聴覚については、耳から入ってくる音を意識的に聞かないといったことが困難です。

　「ながら」で聞けるといいつつも、スマートスピーカーとの対話の場合、そこから発せられる音声を片手間に聞くことは少なく、多くの場合、ユーザーは音声の最初から最後まで真剣に耳を傾けます。そういった状況を考慮すると、次のような点に配慮しなければいけません。

- 回りくどい言い回しは避けます
- 過度の丁寧すぎる表現は避けます
- 修飾する言葉、修飾される言葉が離れすぎていないよう注意します
- 何かを覚えておかないといけない会話の流れや選択肢はできるだけ避けます
- その先、長い発話になる場合は、あらかじめ許諾を得てから開始します
- 文字と違って、読み飛ばしたり、ざっと全体を読んで把握したりといったことはできません
- スマートスピーカーが発話している途中で、言葉を遮って利用者が話し出すことは困難です

　娯楽のためにラジオで音楽やDJの会話を聞いているのとは大きく異なり、スマートスピーカーの発話を聞く利用者は一言も聞き漏らさないよう集中していることが多いのですが、何かに注意を削がれて何度か聞き直さないと正確な状況を把握できない場合もあるでしょう。また、発話の言葉遣いやイントネーションに違和感を覚えてしまい、そちらに意識がもっていかれ、肝心の内容を忘れてしまうことがあるかもしれません。

　人間の聴覚はカクテルパーティー効果と呼ばれる特性をもちます。これは意識的に聞こうとすることで、聴覚の解像度を上げることが可能というもので、このおかげで多数の音や会話、騒音の中から、自分が聞きたい会話のみを抽出して理解することができます。この特性にはもちろん個人差がありますし、そういった行為が得意な人も不得意な人もいます。ここで着目すべき点は「聞こうとする人が注意を払っている会話」がよく聞こえる、理解できるという点です。

　そう考えると、スマートスピーカーの発話においては、聞き手が集中できるよう、注意を払って耳を傾け、解釈してくれるよう、人と人の会話以上に配慮することが必要です。例えば、話し始める前に「はじめまして」「こんにちは」「ところで」といった、これから話し始めますよということを示す予告的な言葉や注意を促す言葉を発しておくなど、ちょっとした配慮で面倒な会話も格段に聞きやすくなるはずです。

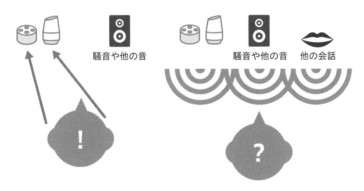

スマートスピーカーに意識を集中していれば、聞き取りやすいが
集中せずに環境全体の音を聞いていると、肝心の会話を聞き逃すことがある

カクテルパーティ効果

※　参照　Wikipedia「カクテルパーティー効果」
　　https://ja.wikipedia.org/wiki/ カクテルパーティー効果

COLUMN　VUI/VUX に関する情報源●お薦め動画②

気に入った動画を見つけたら、チャンネル登録しておくと良いでしょう。英語字幕、自動翻訳字幕機能や、Otter という自動ヒアリングアプリが便利に活用できます。お薦め動画は 1 章の末尾でも紹介しています。

- 10 Best Practices for High Quality Actions (Google I/O 2019)
  https://www.youtube.com/watch?v=oo5dFEW0Vk8

- Build Interactive Games for the Google Assistant (Google I/O 2019)
  https://www.youtube.com/watch?v=J8lsvvJ21Ok

- 10 tips for building better Actions (Google I/O 2018)
  https://www.youtube.com/watch?v=qVP0jhTbnRk

- Lets Talk: Designing Quality Conversations for the Google Assistant (Google I/O 2019)
  https://www.youtube.com/watch?v=ZRjkSqVedfY

- Create App-like Experiences on Google Search and the Google Assistant (Google I/O 2019)
  https://www.youtube.com/watch?v=0Hyt7gjHYO4

- How We Built the Google Assistant Sandbox Demos (And How You Can Too) (Google I/O 2019)
  https://www.youtube.com/watch?v=w2wDR8rr0Hk

- Prototyping Voice Experiences: Design Sprints for the Google Assistant (Google I/O 2019)
  https://www.youtube.com/watch?v=FrGaV4wzgeo

- Google Assistant Developer Day 2020 Keynote
  https://www.youtube.com/watch?v=6j29g-reJ4Y

第 2 章

対話の設計、会話デザイン
の仕方、台本の書き方

VUIのための台本の作り方

　台本というと、ドラマや演劇、映画などの台本を思い浮かべるでしょう。VUI
の設計・デザインの際にも、いわゆる「台本」作りはとても大切な作業の1つです。
ドラマや演劇などの台本の場合、登場人物、セリフと、その場の状況や環境の解
説が書かれています。

　一般的な小説などと台本では、異なる点があります。小説ではその場の状況、
内容が詳細に想像できるよう、情景描写が細かくなされ、会話は時折出てくる補足
的な役割のものが多いですが、台本では会話 (セリフ) が中心であり、状況やセリ
フの言い回しなどに解釈の余地が残されている点です。

　台本には「ト書き」と呼ばれる登場人物の動作や行動を指示する記述があります。
歌舞伎の脚本に由来する用語で、俳優の動き・照明・音楽・演出などの説明を指
します。ト書きを含め、一般的な台本には次のような要素が記載されます。

- 登場人物
- あらすじ
- 柱書き (シーン)：場所、時間の指定。見分けやすいよう文頭に「○」を書く場
  合が多い
- ト書き：他の記述よりも3文字下げて書く
- セリフ：「」で囲んで記載する

　スマートスピーカーでのVUI設計においても、演劇の脚本とまでは言いません
が、全体の流れを把握するための「VUI台本」的なものを用意すると、サービスの
把握がスムーズになります。VUI台本には、複数人で企画したり開発するときの認
識のズレの解消、抜け漏れの発見などが容易になる効果もあります。

　物語の流れは「起承転結」という言葉で表現されることが多くありますが、一般
的な台本の場合、最初に「発端」、次に「中盤」があり、最後に「結末」があるとい
う流れで捉えることができます。スマートスピーカー、VUIの場合にも、一般的な

柱書き	（そのシーンの状況、環境、時刻を説明。文頭に○） ○料理を作る際に、ゆで時間などのタイマーを設定（夕方）
ト書き	（登場人物の振る舞い、状況を説明。3文字下げる） ＿＿＿何か作業をしながら口頭でタイマーを設定する ＿＿＿焦っていたり、何か他のことに気をとられていたりする
セリフ	（登場人物の会話。セリフが2行にまたがった場合、2行目は1文字下げる） ユーザー「3分のタイマーを設定して」 スマートスピーカー「はい、3分ですね。スタートします」

一般的な台本を模倣した、VUI用の台本。これをもとに会話を設計する

サービスでは最初に状況の把握、設定などがあり、中盤で操作・選択・指示などがあり、最後の結末として目的達成、課題解決という流れになります。

　登場人物はスマートスピーカーとユーザーの2名だけかもしれませんが、「発端」にはVUIサービスのだいたいのあらすじ、そのサービスが使われる場所や状況、時間帯、きっかけが書かれているとよいでしょう。また、「ト書き」として、登場人物の立ち振る舞い（ここではスマートスピーカーとその利用者）や音楽、声による演出について書かれていれば、サービス全体の雰囲気や対応を把握するのにも役立ちます。

　台本の「セリフ」については、あくまで設計やデザイン参照用の「仮」のものと考え、スムーズに対話が成り立った場合、もしくは典型的な間違いやエラーがあり、それらを回避したり対処したりした例を含めます。最初から最後までの会話がひととおり成り立つ典型的な事例を台本化するのがよいでしょう。

　実際のVUIの利用では、うまくいかないことや、利用者が想定外の発話をしてしまうことも考えられます。俳優全員にあらかじめ決まったセリフを発話してもらう本物の台本と、利用者が何を発話するかわからない、さまざまなパターンが考えられるVUI台本とは目的が異なります。ですので完璧な台本を書き上げる必要はありませんが、サービスを考えるためのVUI台本は、企画段階でおおいに役立つ資料となることでしょう。具体的な制作方法としては「064　表計算ソフトを使ったVUI台本作成方法」も参照してみてください。

あいづちやうなずき

みなさんは誰かの話を聞いているとき、「ほう」「へえ」「なるほど～」といったあいづちやうなずきを意識的にしていますか？ それとも無意識のうちにうなずいたりしていますか？

あいづちやうなずきには、次の特徴があります。

- 相手に「聞いているよ」「その会話に同感、同意しているよ」という意思を伝えられます
- 上記の意思表示を会話を遮らずに行えます
- 話し手にとっては、相手が理解できていることを確認して、会話を先に進められます
- 共感の形成や、話し手と聞き手が同じような感情にあることを表します
- うなずきの場合、言葉なしで、視覚面だけで相手に同意や共感を伝えられます

一方、あいづちやうなずきの仕方が悪いと、逆効果になる場合もあります。

- 同じ言葉ばかり返すのは避けます（例：何を言っても「なるほど」と言い返すなど）
- あいづちやうなずきの呼吸やタイミングを外すと、スムーズに会話が続かなくなります

あいづちには「ほう」「へえ」「そうか」などの短い言葉を挟むものや、相手の言ったこと、特に語尾などを「おうむ返し」で言い返すタイプのものがあります。これらに何かしら感情や意識が乗っていないと、それこそ機械的な反応だと思われてしまいます。

あいづちの語源は、2人の鍛冶屋が交互に槌を打ち合わすことに由来しています。ですので、あいづちは相手に調子やタイミングを合わせる必要があります。一方、

うなずきは同意や共感を表すだけで、一方的に首を振るだけでも成り立ちます。

VUIにおいて、あいづちはどういう価値を提供できるでしょうか？

あいづちとして返す言葉は、「なるほど」「そうか」といった言葉に反応しているタイプと、「いいねー」「ははは」といった自分の感情や気持ちが前面に出てくるタイプに分かれます。人間であれば、適切なタイミングで適切なあいづちを選んで使うことができますが、VUIが決まったあいづちを適当に入れてしまうと、言葉として適切だったとしても前後の会話や状況においては適切ではない場合が考えられます。先ほどの「なるほど」としかあいづちしない人や、タイミングを外したあいづちにイラつく例と同じように、VUIとの会話でも、余計なあいづちによって不快感を与えてしまうことも考えられます。

一方、スマートスピーカーと話す人間のほうは、思わずあいづちを打ったり、「なるほど～」と言ってしまったりすることもあるかもしれません。スマートスピーカー側がそういった言葉をうまく捉えて反応できると、より自然な会話が成り立ちます。しかし、スマートスピーカー側がわざらしく意図的にあいづちを打つのは、よほど注意深く会話を設計しない場合、余計な発言になる可能性が高く、繊細な配慮が必要になります。

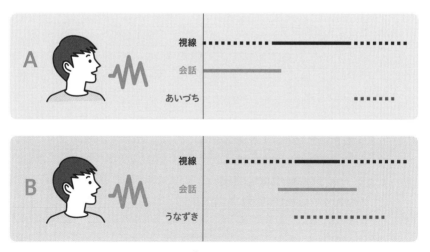

あいづち、うなずきの様子とタイミングの例

アクセント表記の手法あれこれ

　みなさんは普段、アクセントを意識して発話しているでしょうか？ アクセントとは、ある言葉を発音するときの音の高低や強弱を示します。方言やクセによって、あるいは何か強調したいことがある場合にもアクセントが変化します。よく引き合いに出される例として「橋（は↓し↑）」と「箸（は↑し↓）」があります。ひらがなで書くとどちらも「はし」ですが、単語だけを発した場合でも、アクセントによって「橋」なのか「箸」なのかを聞き分けることができます。

　日本語は同音異義語が多いため、正しいアクセントを使わないと誤って伝わってしまう場合や、理解するまでに時間がかかる場合があります。現代的な言葉遣いでは、過度にアクセントを強調した喋り方よりも、平坦でアクセントや強調の少ない話し方がなされる傾向があります。

　ちなみに単語単位での音の高低や強弱を「アクセント」と言い、文章単位での音の高低や強弱のことを「イントネーション」と言います。

　アクセントの基準となる『日本語発音アクセント辞典』では、首都圏やテレビのニュースなどで話される標準語のアクセントを中心としつつも、地方の方言で使われるアクセントについても明記があります。オンラインでも、下記のサイトで基本的な日本語のアクセントを確認することができます。

- 日本語教育用アクセント辞典
  https://accent.u-biq.org/
- オンライン日本語アクセント辞典
  http://www.gavo.t.u-tokyo.ac.jp/ojad/

　VUIの場合、通常は正しい語句を指定してあれば、正しいアクセントで発話されます。さらに強調したい場合や修正したい場合は、音声合成マークアップ言語SSMLを使って細かな指定ができるプラットフォームも存在します。例えばAlexa

であれば、<prosody pitch>のx-low、low、medium、high、x-highなどで、音声のトーン（高さ）をパーセントで指定して変更することができます。また、<prosody volume>で音量を調整することもできます。ただし、確かにこれらのタグを使えば調整できるのですが、あまり細かく指定しすぎると、発話の途中にプツプツ音が切れるような感じがする場合もあり注意が必要です。

　またGoogleアシスタントの場合、米国内で使われている英語のアクセント以外に、オーストラリアのアクセントと英国のアクセントにも対応しています。さらに英国の公共放送局BBCでは、英国内のさまざまな地方の方言に対応する音声アシスタントを独自に開発しているとの話題もあります。アクセントの違いはVUI側の発話だけでなく、音声認識にも深く関わる要素です。このBBCのBeeb[注1]と呼ばれるサービスは独自のスマートスピーカーではなく、既存のサービスやアプリに組み込まれて利用できる予定です。

シメサバ○●○○	高く発音● 低く発音○
シメ‾サバ	
シメ＼サバ	＼その後下がる ‾平坦なまま
シメサバ	高く発音する文字を**太字**で
シメサバ　LHLL	H高, L低
シメ↑サバ	↑その文字を上げる ↓下げる

いろいろなアクセント表記

※　参照　『NHK日本語発音アクセント新辞典』NHK放送文化研究所 編、2016
　　https://www.nhk.or.jp/bunken/accent/faq/

注1　https://www.bbc.co.uk/usingthebbc/privacy/about-beeb-privacy/

アタランス（相手に合わせた発話）と プロンプト（質問、発話を促す質問）

あなたは誰かに何かをお願いするとき、じっくりと言葉を選んでいるでしょうか？ 頭に思い浮かんだ内容を、そのまま羅列して伝えてしまっているでしょうか？

よく「何を言っているかわからない」「話が唐突すぎる」と言われる人の話し方は、後者の「思いついたことを羅列して伝えるだけ」のタイプに属します。人はたいてい何かをお願いする際、相手にわかりやすい言葉を選び、必要な情報を組み立てながら話します。話す前に発言が組み立て終わっている場合もあれば、話しながら必要な要素を組み立てて話す場合もあるでしょう。

会話においては、適切なアタランス（Utterances：相手に合わせた発話）と、適切なプロンプト（Prompts：質問、発話を促す質問）のやりとりが必要です。そしてさらに必要なやりとりがすべて完了し「会話が終わったこと」を認識する必要があります。

人間同士の会話において「〜はどうする？↑」と語尾が上がった場合、何か質問をされており、それに対して回答しなければいけないということが明確です。また「ありがとうわかった。じゃあまた」などと言われれば、残すは最後のあいさつ程度で、会話が完了に向かっていることがわかります。

アタランス（相手に合わせた発話）において、適切なお願いの仕方を洗い出し、そういったお願いをしてもらえるよう会話を導くための要素としては、次のものが考えられます。

- 相手の欲求を引き出したり、気づかせたりします
- 知りたい要素、内容を聞き出します
- 相手の行動を導きます
- 相手に考えさせます
- 曖昧な要素をはっきりとさせます
- できないことを伝えます

　さらに、回答しやすさ、内容の理解しやすさといった要素も考慮する必要があるかもしれません。誰（どのサービス）に対してのお願いなのか、そこからどのような回答、返答を求めているのか？　どのタイミングでどう対応してほしいのかによって適切な要素は変わってきます。

　プロンプト（何かに対応するための返答）において、適切な返答には次のような要素が挙げられます。

- 相手の状況を理解した上で返答します
- あやふやな要素、間違った解釈をされそうな要素を排除します
- 相手にわかりやすい、言葉遣い、用語、知識を用います
- 場合によっては、素早く返答せずに次の発話を待っていたほうがよい場合もあります
- 質問に対し、質問で返すことはしません
- 気持ちや感情を表す言葉と、事実や選択を示す言葉を適切に使い分けます

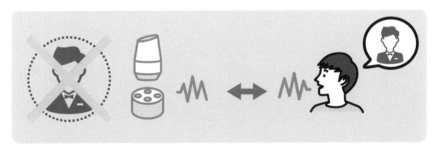

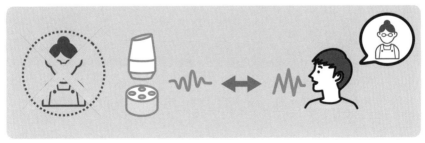

人にお願いしていると感じてしまうが、実際は人間ではなく、スマートスピーカーに話を導かれている

言いよどみ、フィラーについて

　お笑いタレントやアナウンサーなど、話すことのプロフェッショナルや、政治家などの話すことが重要なスキルの人、または頭の回転が速く言葉に迷うことがない人は、言いよどみなく、突っかかりなく、スムーズな流れで話を進められます。

　けれども一般的には、話しながら言いよどんだり、フィラー (filler) と呼ばれる、次の言葉までのちょっとしたつなぎの言葉を挟む場合がほとんどです。フィラーとは埋めるもの、詰めるものといった意味があり、言葉の隙間を詰める・埋める言葉を示します。一般的なフィラーには「ええと」「えー」「あー」「あのー」「まあ」「ほら」「そのー」「なんか」などがあり、口癖のように多数フィラーを言いながら会話する人もいます。

　VUI側の発話に言いよどみやフィラーがあると聞き取りづらくなるため、会話の中に入れることはほとんどありませんが、まれに人間っぽさ、親しみやすさを表現したり、悩んでいる感じ、困っている感じなどを表現したりするため、あえてVUIの発話にフィラーを混ぜることもあります。

　VUIに対する人間側の発話では、次のような場面で、言いよどみやフィラーが見られます。

- 何を言うか考えながら発話していると、言いよどみや、フィラー「えっと〜」などが生じます
- 発話に詰まって考え込んでしまうと、意図しない短い会話の中断、無声休止が発生することがあります
- 音声が聞き取れなかった場合や、内容に驚いた場合などに、感嘆のフィラー「え？」が発生します
- 選択肢や返答に悩んでしまう場合には、曖昧な返事「う、うん……」が発せられます

　また言いよどみやフィラー以外でも、必要以上の敬語を使ってしまい、会話が回りくどくなることがあります。言葉が曖昧だったり、ちゃんと発話できなかったことを言い直したり、反復したりすることで会話が回りくどくなる場合もあります。

　言いよどみは無用のものと考えられがちですが、会話における重要な要素として、次のような目的で使用されることがあります。

- 間違いの指摘などの直接的な表現を避けて、語調を和らげるため
- 会話のテンポを整えたり会話のやりとりをスムーズにするため
- これから自分が話し始めるということをアピールするため
- 言い間違いを抑制するため、考える時間を確保しているため

　フィラーや言いよどみが生じるのは「考えながら話す」のが理由であり、例えば、話す内容を原稿にしてそれを読み上げるような場合、または話す内容がきちっと決まっているような場合は、フィラーや言いよどみが生じにくいことがわかっています。

　まれに、一般的なフィラーの代わりに「要するに」などの語を、内容とは関係なく、単に挟む言葉、言い換える言葉として使っている人もいるため、会話の内容を理解する際には注意が必要です。

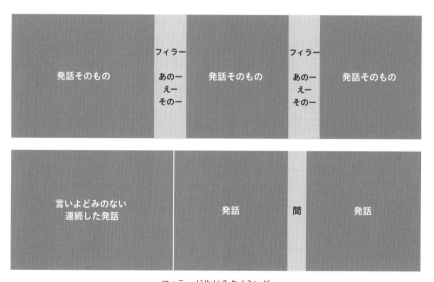

フィラーが生じるタイミング

VUIとイントネーションの関係

　イントネーション (抑揚) とは、言葉を話すときに声が上がったり下がったりすることを言います。

　一方、アクセントは個々の単語の中での音の高低または強弱であり、英語のように強弱によるアクセントと日本語のように高低によるアクセントの2種類に大別されます。

　また、会話や文章の中で強調したい情報を目立たせるために、イントネーションを上げて話す場合もあります。さらにその会話が話される場所や方言によって、イントネーションが異なっていたり、ことさら一部分が強調されたりする場合があります。

　例えば「そうですよね」という発話において、語尾が下がると相手の発言に対する同意、共感の意味、「そうですよね?」と語尾が上がると疑問形、尋ねる意味、「そうですよね」の「ね」のみを強調すると念を押す確認の意味をもつようになります。「そうですよね」の最後が「ねー」と伸ばされ、そこで話が終了するわけではなく、次に続くことを示唆する場合もあります。

　日本語の場合、単語レベルの音の高低をアクセントといいますが、文章全体の高低の調子はイントネーションと呼びます。このイントネーションによって、文章の意味を正確にとらえることができます。またイントネーションや、イントネーションに付随した言葉の切り方が異なるだけで、文章は同じだとしても、受け取り方が異なる場合が生じます。

　また、面倒で難しいのは、ある単語がそれだけで発音されるときと、文章の中で使われているときや、複数の単語が組み合わさった複合語の一部になっているときで、イントネーションが異なる場合があることです。例えば「青」や「赤」は、単独では「あ↑お↓」「あ↑か↓」と最初の「あ」を強く高く読みます。けれども「桃太郎と戦った青鬼は……」などと言葉が組み合わさったり、文章の中で使われていたりする場合、平坦に読み上げられるのです。

　イントネーションやアクセントでは、新しい言葉が使われるようになってきた場合、最初はさまざまな言い方が存在したのが、徐々に一般化して言い方が定まっていくことがあります。また同じ言葉、同じ文章でも世代によって言い方が異なり、無意味に語尾を上げたりする場合もあり、そうするとイントネーションやアクセントの本来の役目を果たすことができなくなります。

　もともとの日本語の言葉は平坦なものが多いですが、外来語、英語由来のカタカナ言葉などの場合、英語の発音そのままのアクセントをもつ場合もあれば、文章の中でもともとの英単語とは異なるイントネーションで扱われる場合もあり、何が正解なのか一概には言えないのが難しいところです。

　例えば「Simulation（シミュレーション）」という言葉を文中で使う場合には、「今度シミューレーションのラボを立ち上げました」といった英語本来の「シ」を強く言う発音と、「なんどもシミューレーションしてみないとね」といったカタカナ英語風の「レ」を強く言う発音などがあり、状況に応じた異なる使われ方が見受けられます。

　なお、Amazonが提供するディープラーニングを活用したテキスト読み上げエンジンAmazon Pollyでは、「レキシコン」と呼ばれる仕組みで、一般的ではない単語の読み上げ方を登録しておくことができます。

今度シミュレーションのラボを立ち上げました

なんどもシミュレーションしてみないとね

同じ言葉でも文脈によってイントネーションが異なる例

物事を簡潔に正確に伝えるための順番

　物事を簡潔に、適切に伝えるのはとても難しいことです。頭に浮かんでいることをすべて伝えてしまいたいとき、どんどん湧き出てくる考えを漏れなく伝えるのは容易ではなく、複数の要素からなる複雑な事柄を順序立てて説明するのも困難です。

　では正確に物事を伝えるには、どういった観点が必要になるでしょうか？　考えられるのは次のようなポイントです。

- 最初に話のきっかけとなる言葉から始めます。例えば「まずは」「はじめに」といった話し始めの言葉です
- できるだけ「短い」言葉、文章で伝えます。同じことを示すならより短い言葉にします
- すべてを順番に話すのではなく、結論、要件を最初に話します
- その一方、時間軸に沿って順に話したほうがよい話題もあります
- 「あの」「その」「あれ」「これ」などの指示語は避け、個々の物事をはっきり伝えます
- 数字や場所、固有名詞など具体的な要素を入れるようにします
- 「全体像」→「細かい話」→「全体像のまとめ」のように、話の構成を考慮します
- お願いしたいこと、伝えたいことは、湾曲的にではなく直接的に話します
- 重要な点、伝えたい点を強調し、語調を強くします
- 注意を引いてほしい言葉の前に「間」を入れ、一呼吸おくようにします
- 適切なスピード、聞き取りやすいスピードを心がけます
- 自分が把握していること、自分の知識や用語が、相手にそのまま伝わるとは限りません

　何かを伝える際の話の構成のポイントは、「頭で考えたときの順序や言葉は、あくまで発想したときのものであり、誰かに伝えるときに最適な順序と言葉ではない」ということです。相手に話したときにどう解釈されるのか、足りない説明や要素はないか？　または、逆に不要な情報を伝えすぎたり、くどすぎたりする要素はな

いかを考えるようにします。

　例え話を使ったり、具体的な事例を示すのも1つの方法ですが、それがかえって伝えたい情報を混乱させてしまう場合もあり、状況に応じた使いこなしを考えなければいけません。

　できるだけ素早く正しく物事を伝えたいと考える一方で、環境や状況、伝える相手によって、必ずしも完璧に伝えられることが多くないのも事実です。正しく伝えられないのであれば、聞き直してもらうとか、質問してもらうとか、選択肢から選んでもらうとか、伝わらないことを前提にして、何かしらそれをカバーする対策を考えておくことも必要です。

　VUIの場合は、声に出さないと伝わらない、声に出したとしても100%伝わっているかどうかわからないという観点から、次のような工夫がなされています。

- 相手が言ったことを復唱して内容を確認します
    例：購入や設定などの確認
- その都度、進行状況を音声で伝えるようにします
    例：タイマーの経過時間など
- 話が終わったことを明示的に音や音声で伝えるようにします

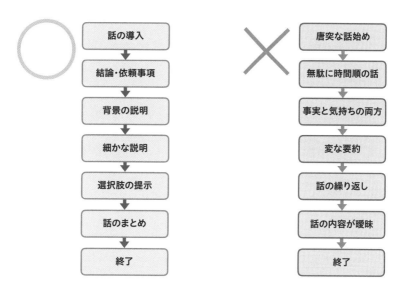

相手に正しく伝えるために適切な順番と混乱を招く順番の例

ナラティブ。人それぞれ、その場限りで始まりと終わりが曖昧な会話

　小説や映画のように誰が見ても同じ物語を追体験できる「物語（ストーリー）」に対して、同じ物語を意味する言葉ですが、テレビゲームの体験のように人それぞれ、その場限りの物語で、始まりと終わりが曖昧なものは「ナラティブ（Narrative）」と表現されます。たいていの物語には起承転結のような始まりと終わり、途中の盛り上がりなどがあり、時系列で順を追って流れていくものですが、「ナラティブ」は口頭による語りのように、身の上話や経験、出来事などを話していく際のような、厳密な物語の始まりや終わりがはっきりとせず、何か目的があったり、話のオチがあったりするわけではなく、淡々と紡ぎ出されるタイプの物語です。

　ゲーム空間やストーリーが制限されていない、オープンワールドと呼ばれるプレイヤーが自由に空間を探索できるタイプのゲームであれば、その物語は人それぞれ、何かの出来事もいつ始まるか終わるのかも人それぞれで、その場限り、その人限りの物語が紡ぎ出されます。

　最近では、SNSなどのアプリに流れるフィードを読む体験、カジュアルゲームの体験なども「ナラティブ」に相当します。ECサイトのように何か探して、目的の商品を見つけ、購入手続きをして商品が届くまで待つといった始まりと終わり、目的達成がある体験とは異なります。暇なときにSNSアプリを立ち上げると、面白い話題もあれば、つまらない話題もあり、ダラダラと知人らの投稿を見続け、知らぬうちに時間が経ってしまうこともあるでしょう。また最近のゲームでは、屈強なボスキャラを倒すといった明確な目的を持った体験ではなく、ファンタジーの世界での生活や体験を楽しむといった、明確な始まりや終わりがないものも増えてきています。

　人と人の会話も実は「ナラティブ」です。ビジネス上の時間の限られた会話ならともかく、日常の雑談的な会話では、明確な始まりや終わりがなく、特定の目的やオチがないまま話しつづけることもあります。

　もともと人間は時間の流れや物語としての話の流れを考えながら物事を把握する傾向にあります。ストーリー（物語）として決まった流れがあるのであれば、誰もがそのストーリーに沿って話をし、体験をし、目的を達成します。けれどもVUIの場合、話し方、目的などは人それぞれの場合があり、ある決まった特定のストーリーに誰もが当てはまるわけではありません。そう考えるとVUIには意外性のある偶発的な事柄、当初想定していなかった会話や体験が生じる可能性がおおいにあります。

　会話の中で適切な情報を与え、不要な情報を与えすぎず、そこからできることを想像してもらい、過度な期待を抱かせずに自由な会話ができるようになれば、より自然な会話設計が目指せるのではないでしょうか？

　VUIにおける説得力のある物語とは、深みがあり薄っぺらではないこと、細部まで考えられており、言葉として表れていない部分も詳細に想像できることが考えられます。また一般的な物語では、登場人物が個性的で印象深いキャラクターであることが物語の魅力につながります。VUIの場合、それほどキャラクター性を前面に押し出すことはないかもしれませんが、キャラクター設定をすることで、ブレのないVUI像を構築することができます。

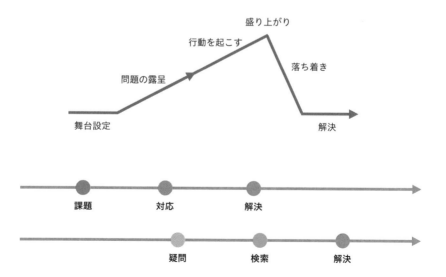

ストーリーの時間軸と流れ。物語の始まりと終わり

会話とコミュニケーション、聞き上手とは？

　聞き上手な人が相手だと、とても話しやすいという経験はないでしょうか？ そもそも聞き上手とは、どのような能力でしょう？ 全く何も反応せずに聞いているだけの相手、無言で聞いているだけのVUIが、聞き上手だとは誰も考えないでしょう。聞き上手と呼ばれる人は、次のような特徴をもっています。

- ポジティブな言葉遣い、ポジティブな言い方を選択しています
- 話を理解して、共感してくれます
- 上手に話を引き出し、適切な質問やあいづちを入れてくれます
- 相手に感情移入しすぎません
- 言ったことを適切に言い直して確認してくれます
- 相手の話を聞くことを優先し、自分のことばかり話すことはありません
- 相手の話を、最後まで聞き、途中で遮りません
- 相手の話を、自分の体験や無責任なアドバイスに差し替えるようなことはしません

こういった聞き上手な人の振る舞いは、VUIにも展開できると考えられます。

- 要所要所で、相手の言葉を繰り返します
- 肯定的に受け止めます。否定や反論をしません
- 適切な質問をしていきます
- 相手が話しやすいことから聞いていきます
- 一方的な会話ではなく、対話として順に話します
- それ以前の会話の内容を覚えています。前に言ったことに対応した会話を続けられます
- 質問されたときに初めて回答します。先回りして勝手に回答することはありません
- 沈黙の時間が生じるときもあります。そういったときは、無理に次の言葉を催促しないようにします

質問の仕方にも工夫が考えられます。

- 「YES ／ NO」半々の可能性がある質問の仕方よりも、「YES」の確率が高い質問の仕方をします
- 一方的な尋問のような質問の仕方ではなく、文脈に沿った必要性のある事柄を会話として質問します
- 環境や状況を考慮した上で、最適な質問、最小限の選択肢を提示します

　VUIの場合、人間のように笑顔で聞く、相手の目を見て話す、ウキウキした声で話すといった対応は難しいでしょう。そう考えるとなおのこと、何を話すか、どういった対話をするかが重要な要素になってくるわけです。

　コミュニケーションを促進するためには、こちらから話して情報を伝える一方で、相手の話をよく聞き理解し、その内容に寄り添っていく気持ちが大切です。VUIの場合、意図的にかつ少々大げさなくらい「良い聞き手」としての工夫をこらしていかないと、無機質で機械的な聞き手になってしまいます。そういった点では、話している最中も「自分の話を聞いてもらえそう」「自分の話を正しく理解してらえそう」と感じてもらうことが大切です。また、VUIとの会話が終了した後も、「話を聞いてもらえてよかった」「お願いしたかったことがうまく伝わった」「また今度も機会があれば、話しかけたい」と感じてもらえるよう、会話の体験を良い記憶にしてもらうための工夫や配慮がなくてはなりません。

　さらに単なる聞き手ではなく、話を聞いてくれる良き相棒として考えた場合は、ポジティブな反応だけでは不十分です。時と場合によって、少しムッとしたり、嫌がったり、照れたり、すねたり、不機嫌になったりといった反応も親密度を感じてもらうための要素になります。ただし、こういった特別な対応は通常の対応以上に難しく、十分な気遣いがなければ逆効果になってしまいます。

　このような特別な対応を、VUIに取り入れるための視点、工夫としては以下のような要素が考えられます。

- 初めは通常どおりに対応し、ユーザーが慣れてきた頃に特別な対応をする
- 通常の対応がひととおり完了し、目的を達した後で、補足的に特別な対応をする
- 特別な対応をした際、相手の反応やフィードバックを記録し、特別な対応を行う頻度を調整する

擬態語・擬音語の効果的な使い方

　日本語の会話、文章、漫画には擬態語や擬音語が多数出現します。「擬音語」とは自然界の音や物音、人間や動物の声を表す言葉です。人間や動物の声を個別に「擬声語」と呼ぶ場合もあります。生物や無生物の状態、人の心理状態や痛みなどを表すものを「擬態語」と言います。

　日本語には、ほかの言語に比べ、とても擬音語・擬態語が多いと言われています。日本語は昔から音を言葉で解釈する傾向があり、同じような1つの音だとしてもさまざまなニュアンス違いの表現が存在します。例えば雨が降っている表現は「しとしと」「ざあざあ」「ぱらぱら」「ばらばら」「ぽつぽつ」など。これらによって雨粒の大きさや雨量、雨の勢いなど、詳細な状況を正確に伝えることができます。

　ただし同じ擬音語・擬態語でも、聞き手の体験や経験に応じて、言葉から得る感覚、その強弱、用途が異なる場合があります。また同音異義語もあり「赤ちゃんがわんわん泣いている」「犬がわんわん鳴いている」「耳が変で、わんわんしている」など、同じ言葉でも使われ方や意味が変わってくる場合があります。

　擬音語や擬態語を会話の中で使う利点は、感情の種類や度合い、伝えようとしている事柄の環境や状況、その場の映像などが生々しく表現され、聞いた相手に映像や雰囲気、細やかな感情といったものが、うまく伝わりやすいところだと考えられます。

　例えばテレビCMの場合、映像と全く関係がないナレーションが読み上げられることはまれで、たいていの場合は、映像に合った音や効果音が一緒に流れます。映像によって聴覚が強調され、また音によって映像をより実感をもって観ることができるからです。最近のスマートスピーカーには画面付きのものもありますが、VUIの場合、基本は「音のみ」と考えられるので、うまく擬音語・擬態語を使うことで、映像的な感覚や環境、状況といったもののイメージが広がり、より的確に言葉の意味を伝えられるのではないかと考えます。

　少し変わったアプローチとして、VUIで使われる「ピッ」「ピポッ」といった信号

音や電子音などの代わりに、擬音語や擬態語を使った効果音的な音声を使って、何かを伝えたり、注意を喚起したり、気を引いたりといった、親しみやすいコミュニケーションを実現できるのではという期待があります。その際は、「会話」の一部だと思われない「信号音」としての言葉が必要になってくることでしょう。例えば、ショッピングカートに商品を入れたのであれば、「ゴトッ」と音がしたり、メッセージを送ったら「ヒューン」と飛んでいくような音がするといったような意味のある、情景が想像できる音の活用です。

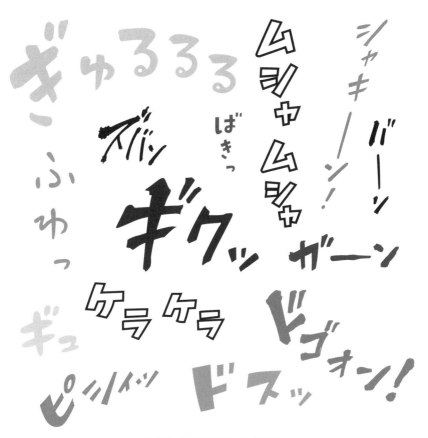

擬音語、擬態語を漫画化した文字

※　参照　「擬音語・擬態語概説」金田一 春彦
　　　収録:『擬音語・擬態語辞典』金田一 春彦 著, 浅野 鶴子 編, 角川書店, 1978

敬語、謙譲語の適切な使い方と関係性

　日本語の難しい点の1つに敬語の存在があります。敬語には、社会生活を営んでいれば自然と身につくものもあれば、間違って使われているもの、なかなか身につけるのが難しい言い回しなどもあります。

　VUIにおける敬語は、取り扱いが難しい要素の1つです。丁寧な言葉遣いが良いのはもちろんですが、丁寧すぎる言葉遣いにも違和感があり、丁寧にしようと文章が長くわかりにくくなってしまうのも得策ではありません。また、あまりにも丁寧でへりくだった言葉遣いの場合、VUIを自分より下の立場の存在と感じ、語調が強くなってしまったり、命令口調で指示をしたりする傾向がでるため、対等な「会話」「対話」とは言えなくなってしまいます。命令口調でも適切な対応がなされている時は問題には思えないかもしれませんが、命令口調でその対話がうまくいかなかった場合、その命令に対処してもらえなかった場合、対等な会話をしているときよりもイライラ感が増してしまうことが懸念されます。

　例えば、長年の付き合いである仲の良い友達同士であれば、お互いの話し方が「敬語」であることは少なく、対等な立場でのくだけた会話になるでしょう。親しい間柄において過度な敬語で話されると、疎外感、距離感を感じてしまうこともあります。つまり敬語は、相手との距離感を感じさせる言葉遣いとも言えます。とはいえ、一言で「タメ言葉・タメ口」と言われる対等で親しすぎる言葉遣いにも違和感を感じる人が多いでしょう。

　日本語の敬語には、尊敬語・謙譲語・丁寧語の3種類の系統があります。これらを完璧に使いこなして、適切な敬語を扱えるのが一番ですが、VUIでの言葉遣いでは、敬語に細かくこだわるよりも「丁寧な言葉」を心がけるほうが、適切な言葉を選べることが多いようです。VUIが相手を尊敬したり、自分のことを謙遜するのではなく、あくまで「丁寧な言葉」を使い、対等な立場で会話をするのです。

　間違った敬語を使ってしまった場合、相手は違和感を覚えることになります。その弊害は、相手への信頼度が下がる、発言の信ぴょう性が下がる、相手を不安に

させるといったものです。そうならないよう、「適切な敬語」を扱えれば一番良いですが、まずは「丁寧な言葉」で、人とVUIが対等な立場で対話できることが重要です。

　会話の中の言葉は、多くの場合、より「丁寧な言葉」で言い換えることができます。ある1つの言葉だけを見てそれが最適かどうか判断するのは難しいですが、複数の言葉を選択肢として比べた場合、どれが一番適切であるかを判断するのは比較的容易です。そのように丁寧な言い回しを複数用意して比較し、最適な言葉を選んでいくとよいでしょう。

　具体的にはある程度のルール、NGワードを設定すると判断が容易になってきます。一例として次のような観点を挙げておきます。

- すべての言葉の頭に「ご」「お」をつけるのはやめて、最低限必要なものだけにします
- 「申す」→「言う」、「参る」→「行く」などに変更し、丁寧だけれど世代や古さを感じる言葉は使わないようにします
- 若者言葉を避けます。「ていうか」「なんか」「わたし的には」「っぽい」「ぶっちゃけ」などが該当します

　また、文章全体を丁寧に感じさせるために、文頭にクッションとなる言葉を使うのも1つの方法です。「もし、よろしければ」「失礼ですが」「ご都合がよろしければ」「おそれいりますが」「申し訳ありませんが」などの言葉です。冗長にならないよう注意が必要ですが、このような言葉を入れると、相手の了解、相手の様子を確認して会話しているよう感じられるため、その後の質問などがスムーズに聞き取ってもらえる場合もあるでしょう。

　さらに配慮すべき要素は、発話する人間側が使う敬語です。これは人にもよりますが、VUI側が過度な敬語を使ってしまうと、人間側も必要以上にへりくだったり、謙譲語を使ったりします。そうした場合、音声認識で意味や意図を認識すること自体は可能ですが、VUIサービスと、その利用者との距離感に隔たりが生じてしまいます。自分にはもったいないサービス、自分には恐れ多くて使うのがはばかられるサービスなどと不要な気後れが生じてしまうのです。

061

自然な会話、簡潔な発話、
優しい言い回しとは

自然な会話とはどんな会話でしょう？ 逆に不自然な会話とは？

簡潔な発話とはどんなものでしょう？ 単に余計なことを言わないのが簡潔な発話なのでしょうか？ 優しい言い回しとは、気遣いとは何でしょうか？

人間同士の会話においても「この状況でそんなこと言うか！」「あの人があんなこと言うなんて」などのように、発言が場にふさわしくなかったり意外な内容だったりすると、意外な印象を与えてしまうことがあります。

筆者は「自然な発言」には4種類の要素があると考えています。

- 言葉遣いや流れそのものが「自然」であること
- その人（またはVUI）が喋っている事柄が話題とずれておらず「自然」であること
- そのときの状況や環境において、話の内容が「自然」であること
- 発言が日常的に使われる言葉によるものであること

VUIにおける具体的なコツとしては、次のような要素が挙げられます。

- 書き言葉ではなく、話し言葉であること（実際に声を出してみるとわかります。さらにVUIプラットフォームに喋らせてみると、違和感がないかをチェックできます）
- 発言が長すぎないこと。人と人の対話の場合、一文はそれほど長くなく、一息で話せるくらいの文で会話が構成されることがほとんどです
- 毎回杓子定規に同じことを話すのではなく、同じような意味や会話でも揺らぎ、ブレをもちます。あいさつなどは、この揺らぎを取り入れるのに向いている会話の1つです
- 上記と反しますが、一連の会話の中で複数回登場する言葉の中には、統一すべきものもあります。例えばいったん「時刻」という言葉を使った場合、「時間」「時」「時計」「時分」「現在」などと、同じ意味の違う言葉を使わないようにします
- 状況や環境をよく理解した上で、話さなくてよい事柄、既知の事実は省いて、簡潔に発話します

- 会話の目印となる言葉を最初に入れます
    例：「まず」「次に」「始めに」「わかりました」「最後に」など
- 相手の発言に反応して、理解したことを的確に示します
    例：「わかりました」「そうします」など
- 話が転換するとを明示的に示します
    例：「さて」「それでは」「けれども」「次に」など

　人間との電話（通話）に対応するVUI技術であるGoogle Duplexでは、会話の中で人間が思わず言ってしまいそうな言いよどみ、フィラー、日本語で言うと「あっ！」「あれ？」といった間投詞を交えることで、自然な会話を表現しています。またDuplexは機械っぽい平坦な言葉遣いだけではなく、少々極端なアクセントが混ざっていたりします。

　一方、簡潔な発話とはどのようなものでしょうか？

- 1つの文章の中に含まれる要素、ポイントは1つだけに絞ります
- 相手の行動や判断が必要な場合には、明確にそのことを提示します
- 相手が聞きたい要素、聞きたい順で話します
- 変な例えを使いません。どうしても例えを使う場合は、誰にでもわかる、誤解のない例えを用います
- 曖昧な表現を避けます

優しい言い回しとしては例えば次のようなことが考えられます。

- やわらかい言葉遣いを選びます
- 専門用語を使わないようにします
- 断定、決めつけをしないようにします
- 「これ」「その」といった指示語を使いすぎないようにします
- 言い訳やネガティブな言葉を使わないようにします
- 否定から入らないようにします
- 注目すべき言葉は、大きくはっきりと強調して話します

※　参照　「Alexa 自然な会話にする」
　　https://developer.amazon.com/ja/docs/alexa-design/relatable.html

指示語の度合い。あれ、この、いつもの

　日常会話、特に親しい人同士では、コンテキストや状況、環境が共有できているため、「あれ」「この」などの指示語が多数使われても会話が成り立ちます。一般的にも、長年連れ添った老夫婦のように長い時間一緒に過ごしていると、指示語での会話が成り立ちやすいと考えられています。家族同士でも、親しい友人同士でも、親しさや親密度の度合いによって、指示語が使われる量は異なるはずです。親密度が高いほど、前提条件、状況の共有がなされていると考えられるからです。

　人間は、そのときの状況や環境を踏まえた上で「いつものアレ」といった言い回しが解釈できますが、スマートスピーカーの場合、以前の会話の内容や、環境を踏まえた会話を完璧に実現するのが現状の技術ではなかなか難しいため、会話のたびに前提や状況がいったんリセットされて始まります。ただし、少なくとも1つの話題について話している間は、その場の前提や状況は把握しつつ話を進めてほしいと考えます。また前回聞いていた音楽、前回聞いた場所、前回注文したものなどは、できるだけ記録しておくことで、次回その要素を活用し、再度、繰り返すといった行為につなげることができます。

　「この」「あの」「その」などの指示語は、すでに会話に出てきた物事を指している場合と、これから話そうとしている物事を指している場合があります。こういった指示語が人と人の会話で使われるには次の背景が考えられます。

- 人は現在、過去、未来にかかわらず、状況や環境を考え、想像しながら会話をしています
- 必要とする前提や状況を、逐一すべて会話で伝えるのは困難です
- 人はコンテキストを意識せず、自分の考えが相手に伝わるものと考えがちです

　指示語に頼らず、または指示語の内容を理解した上で、会話を進めるためには、次の対応が大切になります。

- 話の流れを理解するよう努めます
- 対話相手のことを理解するよう努めます
- 今、置かれている状況を理解するよう努めます
- 相手が必要とする情報や対応を把握するよう努めます
- そもそも、相手側がさまざまな事象や状況をあまり覚えていられないことを前提にします
- 目的、役目を欲張りすぎないようにします。1つの言葉で複数の意味を伝えたり、曖昧な言葉から正しく読み取ってもらうことを期待しないようにします
- 指示語や状況が理解できることを前提としません。伝わらないことを前提にします
- うまくいかないとき、理解できないときも何らかの返事をすべきです

　指しているものが自明ではない指示語を使わず会話を進めることで、的確に指示したり伝えたりできるわけですが、日常会話では、言葉が思い浮かばなかったり、相手が状況を理解していることを前提に会話を進めることが多々あります。できるだけ会話の相手の状況や背景を理解し、その情報を保持しておくことによって、より親密度の高い会話が成り立つと考えられます。

指示語と、それが示すモノとの距離感

代名詞への置き換え。コンテキストの維持と破棄

文の一部、名詞を代名詞に置き換えることがあります。

会話において一般的な名詞を代名詞で置き換えることには、メリットとデメリットの両方が考えられます。メリットは会話が親しみやすく、かつ簡潔にスムーズになる点、デメリットは代名詞によるさまざまな言い方のため、もとの名詞、何が代替されているのかがわかりにくくなる点です。

代名詞には、いくつかの分類があります。

- 話し手や聞き手、話題の中で出てきた人物を示すための人称代名詞
    例：「彼」「私たち」
- 場所や位置、距離を示す指示代名詞
    例：「これ」「それ」「あれ」「あちら」など
- 疑問のポイントを表す言葉と疑問代名詞
    例：「どれ」「どちら」「だれ」

日本語の難しい点は、英語ではすべて「I（アイ）」で示される自分のことも、「私」「わたくし」「僕」「俺」「わし」「おら」「おいら」「あたし」「あたくし」「あたい」「うち」など、さまざまな言い方があり、状況や相手によって一定ではなく使い分けられるところです。また対象となる人物が明白な場合、人称代名詞が省略され、誰なのかを明示しない表現も会話の中では生じます。VUIにおいては、人称代名詞が省略されることを前提としつつ、さまざまな人称代名詞が存在することを考慮した上で対話を設計していく必要があります。

ある会話が完了しており、話題が切り替わったにもかかわらず、過ぎ去った話をしつこく継続させるなど、状況、前提、対象となっている人物の情報などのコンテキスト（前後の脈絡、文脈）を過剰に保持しつづけるのもよくありません。

技術的には、VUIがもつコンテキスト、情報の継続性を意識し、どれぐらい保持しつづけるのか、その会話中だけ保持するのか、1つ後の会話までなのか、1日、

1週間、1ヶ月、破棄せずずっと保持しつづけるのか、といったさまざまな保持の方法を検討します。また必要に応じて明示的に破棄することもあります。また現状のコンテキストだけでなく「履歴」も大切な情報の1つです。

コンテキスト、情報を破棄してもよい、次に引きずらないと判断するには、明確に今の話題が終了したこと、その情報が再度活用されることがないことを正しく判断しなければいけません。人と人の会話では「ところで」「話は変わって」などの言葉を挟むことで、そこまでの会話をいったんリセットすることができますが、VUIの場合は、明確な言葉で区切ったとしても、過去の情報を記録しつづけているのではないかと疑念をもたれることも考えられるため、情報を破棄する場合に明示的に示したり、情報を内部でのみ利用して利用者には意識させないような使い方を考慮します。

COLUMN VUI/VUXのヒントになるお薦め書籍　その⑨

- 『Sound Design — 映画を響かせる「音」のつくり方』
デイヴィッド・ゾンネンシャイン 著，シカ・マッケンジー 訳，
フィルムアート社，2015

　映画等の映像に付随した音の設計、いわゆる映画音響について、制作プロセスから科学的な観点まで網羅的に紹介している本です。映像と音や音楽の関係は深く、どんな素晴らしい映画も音や音楽がなければ味気ないものになってしまいます。本書ではサウンドデザインの手順、音の振動から知覚や認知まで、音とストーリーの関係性について取り上げています。

　また、事例として名作映画の音響効果を取り上げ、それらについて具体的に解説しています。特筆すべきなのは、「無音状態をいかに効果的に使うか」「意外な音が適合する事象」「違和感をもたらす音の心理効果」「記憶に残る音はどのようにして作られたのか」といった現場の第一人者でしかわからないノウハウが惜しげもなく披露されている点です。

　VUIデザインにおいて今すぐ役立つというタイプの本ではありませんが、より詳しく音のことを理解できる絶好の書籍です。

`COLUMN`　VUI/VUX に関する情報源●デザインテンプレート

デザインキャンバスと呼ばれる空白の図表を用い、必要な項目を検討したり、要素を網羅的に洗い出したりします。

- ChatBot Design Canvas
  https://chatbotslife.com/chatbot-design-canvas-c3940685ca2c

- Conversation Design Canvas
  https://gumroad.com/l/LVUZg

`COLUMN`　VUI/VUX に関する情報源●お薦め資料

声や音声にまつわる参考資料を紹介します。統計レポート資料なども企画案立案の際に役立つでしょう。

- Dropbox.Design Personal Voice Workbook
  https://assets.dropbox.com/documents/en-us/personal-voice-workbook.pdf

- Smart Speaker Consumer Adaption Report 2019
  https://voicebot.ai/wp-content/uploads/2019/03/smart_speaker_consumer_adoption_report_2019.pdf

- Voice Action Design Sprint
  https://designsprintkit.withgoogle.com/assets/tools/Voice%20Action%20Sprint%20Deck%20-%203-Day%20Template.pdf

- やさしい日本語の手引き
  https://www.sic-info.org/wp-content/uploads/2014/02/easy_japanese.pdf

- Mailchimp Content Style Guide : Voice and Tone
  https://styleguide.mailchimp.com/voice-and-tone/

- Voice UX Best Practices Ebook（要登録）
  https://voicebot.ai/voice-ux-best-practices-ebook/

- The State of Voice Assistants as a Marketing Channel Report（要登録）
  https://voicebot.ai/the-state-of-voice-assistants-as-a-marketing-channel-report/

- In-Car Voice Assistant Consumer Adoption Report 2020（要登録）
  https://voicebot.ai/in-car-voice-assistant-consumer-adoption-report-2020/

第 8 章

会話サービスを考えるときに
役立つツール、マインドマップ
の活用法

表計算ソフトを使った
VUI台本作成方法

　台本形式でVUIのセリフを検討する場合、何も特別なツールやソフトウェアが必要なわけではありません。ごく普通の表計算ソフトを活用して、平易に制作、検討することが可能です。次の表は、天気予報アプリにおける操作内容と対応する会話を並べたものです。

操作内容	会話例
現在の天気を尋ねる	「今日の天気は？」 「今日の天気」 「今日の天気を教えて？」
天気予報を尋ねる ・**明日** ・**特定の日** ・**週末** ・**週** ・**今後○日間**（1～10日の間で選択）	「明日（特定の日、週末、今後4日間など）の天気はどう？」 「今週の水曜日から金曜日の天気はどう？」
天気／天気予報について具体的に尋ねる	「明日は雨が降る？」 「今日は晴れる？」 「明日は傘いる？」
特定の場所の天気予報を尋ねる ・**明日** ・**特定の日** ・**週末** ・**週** ・**今後○日間**（1～10日の間で選択）	「明日の大阪は雨が降る？」 「今週末の長野の天気はどう？」 ※ 旅行の計画や出張の準備のために聞くことが多いため、「現在の天気」ではなく、数日後の特定の日付または特定の期間の天気を知りたい場合が多い
特定の場所の天気を尋ねる	「大阪の天気はどう？」
単位を指定する	「摂氏で何度？」

表計算シートによる会話の検討例

　VUIの場合、人間側とコンピュータ側の応答は、必ずしも1対1になりません。人間同士の会話である問いかけに対する返答が何種類もありえるように、VUIの問いかけに対しても、人間側の回答は何種類も考えられます。一般的な台本であれば、誰が何を言う、次に誰が何を言う、といったセリフはあらかじめ決まっています。多少アドリブがあって台本そのままのセリフでなかったとしても、だいたいの内容や話す順番などはそう大きく変わらないでしょう。

　VUIの台本の場合、まずは「正常系」と呼ばれる、すべてがうまく、スムーズに流れた場合の対話の流れを書き出し、これを基本の台本とします。その上で、対話がうまくいかない場合、間違ってしまう場合、うまく伝わらなかった場合などの「異常系」と呼ばれる事象とその対応について、何種類か流れを明記しておきます。すべての事象をあらかじめ書き出しておくことは難しいかもしれませんが、基本となる「正常系」の台本、特定の部分を切り出したうまくいかない場合の「異常系」の台本を何本か用意することによって、実際の対話のほとんどの事象は洗い出されていきます。

　簡易的な台本の作成には、ExcelやGoogleスプレッドシートなどの表計算ソフトが役立ちます。VUI側の会話、人間側の会話を対話形式で順に書き込んでいき、分岐や何種類かのセリフがある場合は、その横に書き加えていきます。表計算ソフトの背景色を変えて、一目でVUIのセリフなのか人のセリフなのか見分けられるようにしておくとわかりやすいでしょう。ここで作成した台本をもとに、話の流れ、フローを設計していきます。

　表計算ソフトを使った台本によって、会話が長すぎるところ、対話のやりとりに違和感がある部分などを見つけることができます。またこの台本をスマートスピーカー役1名、人間役1名の2名で読み合わせることで、会話の不自然な部分、対話として足りない部分などを検証し、洗い出すことができます。

　ここで作られる台本はあくまでサービスを考え始めるきっかけです。一度出来上がった台本にこだわる必要はなく、気軽に変更や修正、追記を受け入れていくとよいでしょう。

　本題とはそれますが、スマートスピーカーに話しかけた内容をそのままスプレッドシートに入力するような仕組みを使えば、冷蔵庫の中身の記録、赤ちゃんの授乳、排便記録、お小遣い帳、ダイエット記録など、さまざまな用途に使えます。音声インターフェースのサービスやツールは、決められた用途だけでなく、使う人が工夫することで、より便利に活用できることでしょう。

VUIにおけるマインドマップツールの活用術

　さまざまな会話、回答の種別や返答を網羅的に検討するには、「マインドマップ」と呼ばれる手法が便利です。マインドマップそれ自体は手法のことであり、特定のツールを指すわけではありません。

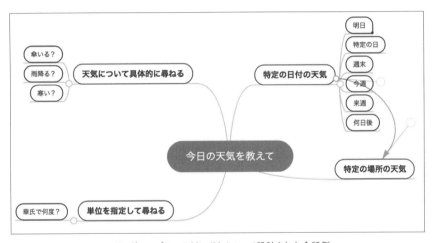

マインドマップツール MindMeister で設計された会話例

　MindMup2.0、XMind、Coggleなどの各種マインドマップツールのほか、チャットボット設計ツールBotsociety、チャート作成ツールLucidchartなども便利に活用できます。

- MindMup2 (https://drive.mindmup.com/)
- XMind (https://www.xmind.net/)
- Coggle (https://coggle.it/)
- Botsociety (https://botsociety.io/)
- Lucidchart (https://www.lucidchart.com/)

　また、デジタルツールに限らず、できるだけ大きな紙とペンを使ってマインドマップを手書きする作業も、思考や思いつきを素早く反映させるにはとても適しています。ツールの使い心地や操作に惑わされずに、どんどんアイデアを広げていくことができるからです。

　検討の際、マインドマップの中心には今考えているサービスの中心となる事柄、言葉を書き入れます。最初に、そこから3つから10くらいの言葉、機能を派生させていきます。回答を求める場合、疑問形の問いかけは必ず文末に「?」をつけておきます。さらに、複数の会話のバリエーションや、思いついた会話などをどんどん書いていきます。マインドマップの段階では、網羅性を高めたり機能の抜けなどを確認するのは難しいため、まずはアイデアを広げていくのが重要です。また行ったり来たりの対話をマインドマップで描くのは難しいため、会話のネタとなる事項を思いつく限り書いていくのが得策です。このとき心がけるのは、下記の事項です。

- 線と線で関係性を結び、広げていくようにします
- どんどん分岐させていき、さらにもっと分岐する項目がないか考えていきます
- 分岐先でさらに分岐できないか、細分化できないか考えます
- 意味が読み取れるできるだけ短い言葉で書くようにします
- 全体を見渡して、追記事項や新たなつながりを見出します
- 重要な部分にマークをつけて記述の頻度や重要度を把握します
- 混乱した場合、局所的に書き直すのではなく、全体を新たに書き直します

　マインドマップを書きながら、実際の会話設定も行えるVoiceFlowのようなサービスも存在します。デジタルツールのマインドマップと紙のマインドマップを検討の段階や細かさ、再利用性などを考えつつ、うまく使い分けるとよいでしょう。

- VoiceFlow（https://www.voiceflow.com/）

ポスト・イットで会話を組み立てる手法

　会話の前後関係ややりとりを考えるときなど、会話設計で試行錯誤するには、3M社の「ポスト・イット」を使った方法がわかりやすく、便利です。一般的な正方形や長方形の付箋紙でもかまいませんが、ポスト・イットは漫画のような吹き出しタイプの製品もあり有用です。丸い吹き出しタイプ、四角い吹き出しタイプそれぞれ6色あります。また、貼り直したり、移動したりすることが多いため、「強粘着」タイプのポスト・イットが最適です。

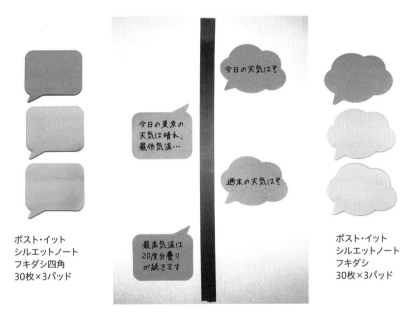

ポスト・イット
シルエットノート
フキダシ四角
30枚×3パッド

ポスト・イット
シルエットノート
フキダシ
30枚×3パッド

吹き出しタイプのポスト・イットを使った会話設計の例

　吹き出し型のポスト・イットは向きが一方向で自由度がないため、回転させたり、裏返したりしてうまく工夫します。私たちは漫画の吹き出しに慣れているせいか、

吹き出し型に何か書かれていると自然とセリフだと感じられて、会話を容易に思い浮かべることができます。

　吹き出し型のポスト・イットが大量に用意できない場合は、ごく普通の75mm×75mmの正方形のポスト・イットでも代用できます。その際の工夫としては、人間側の発言を記入するポスト・イットの色と、VUI側、スマートスピーカー側の発言を記入するポスト・イットの色を変えて、それぞれの色を統一しておくのがポイントです。そうすることで、貼る場所が不定なときも、どちら側の会話なのか瞬時に見分けられます。

　会話設計にポスト・イットを使う際のポイントは下記のとおりです。

- 会話としての「セリフ」をそのまま書きます
- ポスト・イットに書ききれないくらい大量のセリフが書きたい場合は、複数枚のポスト・イットをつなげて使ってもかまいませんが、そもそも短くできないか検討しましょう
- 余るほどの大量のポスト・イットを用意しておきます。少ないとポスト・イットを温存したくなり、良い案があまり出てこなくなります
- 水性のマジックペンを用意しましょう。ゼブラ社製「水性ペン 紙用マッキー 極細」またはぺんてる社製「ぺんてるサインペン」は書き味もよく、手についても水で洗えば落ちるのでお薦めです。また紙の裏写りがないので気兼ねなく書くことができます
- 書くのに失敗したら、修正せずに、書き直すようにしましょう
- 会話とそうでない記述とを明確に切り分けて書くようにしましょう。会話部分を2重カギ括弧（『〜』）つきで書くのも1つの方法です
- 全体を通して、VUI側の発話が多すぎないか、人間側の発話が多すぎないか、一方的な会話ではなく、ちゃんと対話になっているかを検討します

　ポスト・イットを壁面やホワイトボードなどに貼り付けて検討した内容は、デジタルカメラやスマートフォンなどで、撮影して記録しておきます。スマートフォン用無料アプリ「Post-it®」を利用すると、貼り付けたポスト・イットを自動的に1枚1枚画像認識してデジタル化してくれるので、とても便利に整理することができます。

会話の情報設計とは

　大規模なWebサイトや大量の情報を扱うスマートフォンアプリなどの場合、そこで扱うコンテンツやデータの情報設計は欠かせません。

　スマートフォンアプリなどの場合、情報設計として次の7つのタイプが使われており、若干の例外はあれど、だいたいこれらのタイプに当てはまります。

- Hierarchical Tree（階層（木）構造）
- Nested Doll（入れ子構造、マトリョーシカ構造）
- Bento Box（（幕内）弁当箱構造）
- Hub and Spoke（ハブ＆スポーク）
- Tabbed View（タブ構造による切り替え）
- Filtered View（フィルター構造、検索による絞り込み）
- Combining Systems（（これらの）複合構造）

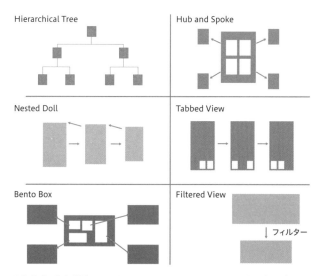

6タイプの基本構造。7つ目のCombining Systemsはこれらの組み合わせ

　Webやスマホアプリの場合、探せること、たどれること、整理されていること、迷わないこと、などが重要視されます。

　また、上記の情報構造をもった上で、個々の情報がどのような状態なのかも重要な点です。

　一般的には下記の6形態を考慮しておく必要があります。

- 理想形
- 読み込み中、データ取得中
- コンテンツやデータ、情報が「空」の状態
- コンテンツや情報、選択肢が1つしかない状態
- コンテンツや情報、選択肢が想定外の形状や量のため、中途半端なレイアウトで表示されてしまう状態
- コンテンツや情報、選択肢が多すぎ、情報過多な状態

　一方、VUIの場合、スマホのような情報設計は参考にはなっても複雑すぎて、なかなか成り立ちません。状況を切り替えたり、絞り込んだものを見て確認したり、行ったり来たりして選択するのは音声だけでは大変難しいからです。上記の観点から、VUIで配慮するのは次のような事例です。

コンテンツが揃っている
理想形で必ずしもいつも
こうなるとは限らない

ネット経由で読み込み中のとき
の表示（単に待つだけなのか？
仮表示するのか？）

コンテンツが未登録で
何もない「空」で寂しい状態。
次にどうしたら良いかわからない

使い始めで
コンテンツが1つ
しかない状態

想定していないコンテンツ
種別による中途半端な表示

想定以上の量のコンテンツが
揃ったことによる情報の
あふれ

コンテンツの状態

- コンテンツの量、読み上げる文章の量、選択肢が増えた場合はどうしたらよいでしょうか？
- 情報がない、空っぽの状態はどう言葉で伝えればよいでしょうか？
- 長い、短いといった可変要素のある文章は、どう変化し、どこまで対応できるでしょうか？
- 情報が多すぎて絞り込めない場合は、どういった手立てを取るのがよいでしょうか？

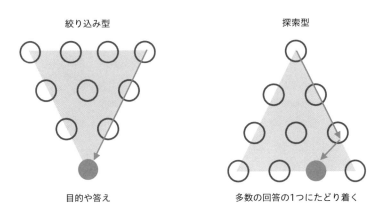

絞り込み型　　　　　　　　　　探索型

目的や答え　　　　　　　　多数の回答の1つにたどり着く

VUIにおける目的達成のための情報設計のパターン、三角形型と、逆三角形型

　VUIの場合、目的の要素や求める答えに向かって情報を絞り込んでいく逆三角形型と、さまざまな選択をし、探索しながら趣味趣向に合った多数の回答の1つにたどり着く三角形型の情報設計が成り立ちます。目的に到達するためのこれらの2つのタイプは、どちらが良い悪いということではなく、VUIで扱うサービスやコンテンツの内容によって最適なものを使い分けることになります。

回答を得るのが難しそうなときの誘導方法

　VUIの場合、すべての対話を予測してすべての回答を用意しておき、常に完璧に対応できるということはまずありません。そう考えた場合、利用者をできるだけ適切な回答や選択肢に導くことが必要になってきます。日常会話では「はい」「いいえ」「イエス」「ノー」で回答できることばかりではありませんし、同意を示す言葉も、「はい」「うん」「それで」「OK」など、多種多様なものが考えられます。

　さらに、ボタンの色あいやアニメーション、文字などの視覚で誘導できるGUIとは異なり、言葉の場合は、聞いたとたんに過ぎ去ってしまい、覚えておくこと、思い浮かんだことを留めておくことが難しくなります。

　例えば、複数の選択肢から何かを選んでもらう場合、選択が始まる前にその心構えをしてもらわないといけません。最初に何種類の選択肢があるのかを明示しておきます。選択肢を読み上げ、そこから選択するとなると、せいぜい3つ程度の回答しか覚えておけません。選択肢の数を増やせない理由は、話を聞いて何を選択するか考えているうちに、最初のほうの選択肢を忘れてしまうからです。

　ここで配慮しなければいけないのは、日常会話では「[はい]か[いいえ]で回答してください」といった二者択一の会話はなかなかないということです。言葉としての意味は十分理解できますが、「はい」「いいえ」に回答が限定されるような質問は、クイズ番組や銀行のATMなど、特殊な場合でしか遭遇しません。

　回答を示す際に参考になるのは、ミルトンモデルという話法です。

- **前提を決めてしまう**：実際には多種多様な選択肢や、容易に選択できない内容があったとしても、「あなたならAとBのどちらを選びますか？」と選択することを前提とします。必要なら何度も選択肢を提示します
- **相手の言葉に同調する**：「回答は難しいな」と言われた場合、「そうですね、回答は難しいですよね。でも……」と相手に同調した上で意図した方向へ導きます
- **話の主体が誰であるのかを曖昧にする**：人は「慎重な方はみなさんコレを選択しています」「多くの皆さんが選んでいます」などと言われるとその気になって

しまいがちです。前置きを挟むことで、心理的な障壁を下げるやり方です

- **理由や背景、因果関係を説明する**：「こういった場合は、これが選ばれています」「現状こうなので、選択としてお薦めなのは…」などと、実際の事象から望ましい方向に導きます
- **「はい」と答えやすい内容に続けて選択肢へと誘導する**：「あなたもここにいるみなさんと同じ考えですよね。それであれば選択肢としては…」などのようにつなげます
- **包括する普遍的な言葉で説明する**：「みんな」「いつも」「すべて」「誰でも」「どんなときも」などという言葉で装飾することで、その気になりがちです
- **否定命令**：「〇〇しないでください」とお願いすることで、「はい」という同意を得ます
- **挿入命令**：直接的な命令ではなく、相手にしてほしいことを促し、そのことに対して同意を得ます

　ここで紹介した方法は、ユーザーの本来の意図とは異なった選択肢を選ばせてしまう場合もあり、利用する種類や量には細心の注意が必要です。あくまでテクニックとして、倫理的に問題がないように扱いましょう。

※　参照　『ミルトン・エリクソンの催眠テクニック I:【言語パターン篇】』リチャード・バンドラー, ジョン・グリンダー 著，浅田 仁子 訳，春秋社，2012

COLUMN　VUI/VUXのヒントになるお薦め書籍　その⑩

- **『ツールからエージェントへ。弱いAIのデザイン — 人工知能時代のインタフェース設計論』**

  クリストファー・ノーセル 著，武舎 広幸 他訳，ビー・エヌ・エヌ新社，2017

　インタラクションデザインの世界で長く活躍しているクリストファー・ノーセル氏による単著です。

　人間のために働いてくれる執事や秘書のような「エージェント」の開発では、汎用型の「強い人工知能」が求められます。その一方、特定分野を得意とする「弱い人工知能」が求められる場合もあります。弱い人工知能は、一見、知的存在とは感じにくい面もありますが、多数組み合わせることで、想像以上の能力を発揮する可能性を秘めています。

　VUIデザインにおいても、何でも対応できる万能サービスを考えるよりもまずは「弱いVUI」から始めるのがよいかもしれません。

069

弱みをなくす、強みをさらに伸ばす
アプローチ

コンサルティング的アプローチ、デザイン思考で何かを検討するとき、SWOT分析と呼ばれる分析方法や、バリュープロポジションキャンバスと呼ばれる、強みと弱みを洗い出す手法が使われます。強みをさらに強化し、弱みはなくすかできるだけ少なくするよう考えます。ここで重要なポイントは、弱みにばかり着目せず、強みを失わずさらに強化することです。受験勉強と同じで、不得意科目に集中して弱みを少なくすることは全体的な底上げにはなりますが、得意な部分や強みも失われてはなりません。

SWOTとは「強み（Strength）」「弱み（Weakness）」「機会（Opportunity）」「脅威（Threat）」を意味し、企画の強み、弱み、機会やチャンス、脅威やライバルといった要素を洗い出すことで、俯瞰的に現状を把握する手法です。

SWOTの4象限

バリュープロポジションキャンバスは、ユーザーが求めているものから、うれしいこと、嫌なことを導き出すことで、それらのうれしいことを強化し、嫌なことを減らして、結果的にユーザーが求めるサービスを考えるといった、これもまた俯瞰的に現状を把握するための手法です。

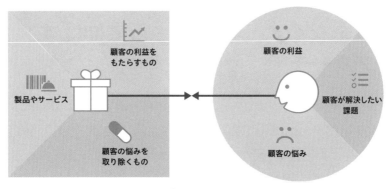

バリュープロポジションキャンバス

VUIでもサービスの企画から、その強み、弱みを考え、さまざまな要素を洗い出していくわけですが、その際、次のような観点で考えていく必要があります。

- **強み、うれしいこと（メリット・恩恵）の観点**
  - スマホアプリやWebサービスで今までできなかったことで、VUIでできるようになったことは何か？
  - スマホアプリやWebサービスよりもVUIのほうが便利で手軽なことは何か？
  - スマホアプリやWebサービスのうち、どの部分を抽出し、VUI化すれば強みとなるのか？
  - 会話そのものを楽しむ、VUIによる新たな付加価値とは何か？
- **弱み、嫌なこと（障害・リスクや悪い面）の観点**
  - 弱みをゼロにするのが理想だが、ゼロでなくとも、弱みを減らす方法はないか？
  - スマホアプリやWebサービスよりも不便で面倒になったことは何か？
  - VUIでは難しい、面倒な部分はどこか？ それをどう回避するのがよいか？
  - 言葉ではカバーできない部分はどこか？ またそれらに代替方法はあるか？

　ここで強みと弱み、うれしいことと嫌なことを洗い出すとわかるのは、強みと弱みは表裏一体であり、強みと思っていた事柄が、ちょっとしたことや立場や環境によっては、弱みにもなりうるということです。また、弱みだと考えていた事柄も、実は今までにないオリジナリティだったり、特定の人にとっては魅力的な特徴に見えたりなど、単なる弱みではない場合もあります。

第 9 章

さまざまな環境で
活用される VUI

BMW-Intelligent Personal Assistant から考える車中のVUI

　車の中で利用するVUIは、家庭内に設置されるスマートスピーカーとは少し意味合いが異なります。もちろん車のコントロールやカーナビゲーションのようにVUIで操作する内容が違うのはもちろんですが、操作者がたいていの場合「運転」に集中しているのが大きな制限事項となるのです。

　普段、人間が何かにとても集中している際、突然、声をかけられても、急に頭を切り替えて会話できない場合も多いでしょう。車の運転は五感全部をフル活用し、さまざまな予測、注意を払いながら行います。視覚、聴覚、触覚は特に重要ですし、味覚はともかく、嗅覚でエンジンの様子を把握することもあるかもしれません。そういった運転の際は、音声で指示したり、音声を聞いて理解したりといった事柄が、普段ほど的確にこなせないのが普通です。運転中に携帯電話を手でもって通話するのが禁止されているのも、音声対話によって思考や注意力が携帯電話にもっていかれ、運転に必要な思考や注意力が散漫になってしまうからです。

　音声によって集中力が阻害される現象は、どんなに複数の並行動作が得意な人でも、どんなに運転に慣れた人でも多少なりとも生じます。

　BMWの車載音声アシスタント「BMW-Intelligent Personal Assistant」は、次のような特徴をもちます。

- 車で知りたいさまざまな情報（地域情報、目的地へのナビ、温度調節、ラジオの操作、天気予報）を音声対話で得ることができます
- 音声認識で、車載ナビや、車内のエアコンを調整することができますが、それらに使用する言葉は利用者が自由に設定できます。汎用的なVUIではなく「パーソナル」なアシスタントとして存在するわけです
- 音声認識のきっかけとなるウェイクワードは、「OK, BMW」または「Hey, BMW」から変更することができます。1980年代にヒットしたアメリカのテレビドラマ「ナイトライダー」に登場する人工知能搭載の車、ナイト2000のように「Hey, K.I.T.T.」と呼ぶことも可能です

- 単なるアシスタントでなく、ときには専門家やアドバイザーになり、適切な対応をしてくれます。また会話の前にボタンを押したり、信号音を待ったりすることなく、車に同乗している家族や友達と同じような距離感で話せます
- 利用者の好みを記憶し、使えば使うほど最適な状態になります。利用者の好みの設定を覚えてくれます
- 常に車の状態を把握しており、車の各種機能、取扱説明をします
- 電話とも連携し、通話が可能です
- コマンド例や、話し方の事例を示してくれます
- 会話から、運転者の疲労や退屈などを汲み取ってドライビングモードを切り替えます
- 将来的には、自らタイヤの空気圧が減っていることを通知したり、燃費改善のヒントを教えてくれるようになるそうです

　BMW-Intelligent Personal Assistant の音声認識機能は、米国に拠点を置く多国籍企業ニュアンス・コミュニケーションズの技術をベースとしています。メルセデスベンツでは、「Hi, Mercedes!」で起動する音声アシスタントを展開しており、こちらも同じくニュアンス・コミュニケーションズの技術が使われています。

出典：BMW プレス資料（https://www.press.bmwgroup.com/new-zealand/photo/detail/P90332831/The-all-new-BMW-3-Series-Sedan-BMW-Operating-System-7-0-and-BMW-Intelligent-Personal-Assistant-12）
BMW-Intelligent Personal Assistant を搭載したダッシュボード

VUI設計指針に学ぶ音声サービスの品質

Fjordというデザインコンサルタント企業が、VUIに関する設計指針を公開しています。音声サービスの参考となるもので、6つの指針にまとめられています。

- **会話がユーザーインターフェースになります**
  - 目的を達成できるような会話を考えます
  - 音声だけでなく、ライトやチャイムと連携することで状態を表現できます
- **違和感のない会話を目指します**
  - 話す人々と、その状況を把握します
  - 簡単に使えるかどうかは状況によって大きく変わります。音声が最善の場合もそうでない場合もあります
- **会話はいつも順序立てて話すしかありません**
  - 会話の流れを図示して考えます
  - ユーザーは新しい会話を覚えたいのではなく、普段の順序で話したいのです
- **状況を正しく把握するのが大切です**
  - 利用する状況、時間帯、セキュリティに配慮します
  - 公共空間で利用する場合のVUIと、家の中で利用するVUI、オフィスで使うVUIは異なります
- **音声を発しているのはどんなタイプの人(VUI)でしょうか?**
  - サービスにあった人物像の話し方を考え、表現すべき言葉を検討します
  - 情報が適切に伝えられるだけでなく、適切に返答しやすいことも重要です
- **どんな相手でも礼儀正しく接します**
  - バイリンガル、方言を使う人など、さまざまな話し手について考慮します
  - ユーザーが間違うこと、勘違いすることを許容する会話を考えます

テクノロジーは驚くべき速度で進化しつつありますが、人間の対話や、対話に求める基本的な事柄は、そう簡単には変わらないものであると考えられるのです。

※ 参照元 「A GUIDE TO VOICE INTERFACES」(FJORD)
https://voiceui.fjordnet.com/

VUIにおけるデザインスプリントの
ポイント

デザイン思考にもとづいて短時間でプロダクトデザインを実施する手法であるデザインスプリントを、VUIのデザインに生かすため「Conversationデザインスプリント」という手法が一部で使われています。

デザインスプリントとは、Googleがスタートアップ組織を支援するために組織したGoogleベンチャーズから始まった、いわゆるものづくりのためのワークショップ手法です。著者が考えるデザインスプリントの重要なポイントは下記の3つです。

- 完成物を作る前に、考えたアイデアが有効かどうかを試作品を作って検証すること
- いきなり集まってワイワイ話し合うのではなく、一人ひとりが十分考えたアイデアをもち寄って、多様性をもったメンバーで検討すること
- 厳しい時間制限を設け、その時間内で最大限の成果を発揮するよう進行を工夫すること

「今までもそうしてきた！」と考える方も多いと思いますが、デザインスプリント自体は、デザイン思考や過去のさまざまな考えや手法を、現代風に素早く、慣れない人でも確実に成果が得られるよう、細かいところまで配慮された手法です。

VUIのためのデザインスプリントでは、通常のデザインスプリントの流れの中に「ロールプレイ」というVUIの体験を寸劇で模倣してみる作業を設けます。

VUIデザインスプリントのポイントは次のとおりです。

- VUIのペルソナ、ブランドをはっきりと考えながらデザインスプリントを進めます
- 欲張りすぎず、基本のユースケース、課題と範囲をはっきりさせて進めます
- プロトタイプは紙の上だけでなく、声で検証し、聞き返せるよう録音しておきます

また考慮すべき点として次の項目が挙げられます。

- 会話の指針、方針をはっきりさせておきます
- 何でも話せる会話タイプなのか、ガイドが導く決まった会話に対応していくタイプなのか考えます
- いくつかの典型的会話を例として挙げておきます
- あらかじめ十分にユーザーのことを調査しておきます
- GUIなどのビジュアルのデザインと、逐次、変化していくVUIとの違いを把握しておきます
- オープンすぎる問いかけは適切ではありません。ある程度、回答の範囲が絞られる質問にします

これらを考えるために事前に理解しておくべきことは次のとおりです。

- ユーザーサポート部門に寄せられている質問や苦情を分析します
- ユーザーへのインタビューや、観察、日記をつけてもらうことで現状を把握します
- 市場一般ではどのようなサービスがあり、どのように使われているかを確認します
- 公共空間で使うものなのか、閉鎖的空間でプライバシーの心配なく使えるものなのかを確認します

これらを考慮しつつ進めたプロトタイプ (詳細は「097　背中合わせのテストが生み出すスムーズな会話」を参照) では、2 人の人物が背中合わせでテストします。背中合わせの理由は、顔の表情や身ぶり手ぶりで伝達されるコミュニケーションではなく、音声のみで正しく伝えられるのかを検証するためです。

　1 人はVUI役で、VUIのペルソナになったつもりで話す人です。もう 1 人は人間のユーザー役で、自由に話をします。

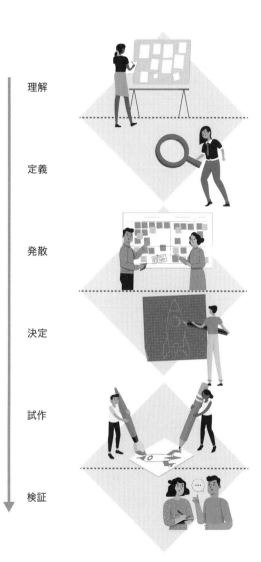

理解

定義

発散

決定

試作

検証

VUIデザインスプリントの6段階

※　参照　「Prototyping Voice Experiences: Design Sprints for the Google Assistant (Google I/O'19)」
　　https://www.youtube.com/watch?v=FrGaV4wzgeo
※　参照　「Design Sprints - Voice Action Sprint」
　　https://designsprintkit.withgoogle.com/assets/tools/Voice%20Action%20Sprint%20Deck%20-%203-Day%20Template.pdf

ディスプレイ画面あり端末での画面と音声のバランス

　VUIだけではどうしても必要な情報をすべて伝えきるのが難しい側面があるため、最近、音声と連動した画面で情報を補足してくれる画面付きのスマートスピーカーが登場しています。また、音声だけで情報を伝えきれない場合、スマートフォンアプリで補足する機能も利用されています。

　画面付きスマートスピーカーを対象とした場合、音声と画面との情報のバランスとタイミングは、綿密に考える必要があります。また扱う素材はテキスト、静止画、動画、それらの組み合わせとなります。画面サイズは端末によって異なり、正方形ではなく円形のディスプレイをもった端末まで存在します。

　画面付きスマートスピーカー専用に画面を用意せずとも、スマートフォンのスマートスピーカーアプリに表示される内容がそのまま画面に表示される機能もありますが、これはあくまで簡易的なもののため、レイアウトが崩れたり、必要な情報が欠けて表示されてしまったりします。

　画面レイアウトは全く自由に作れるというよりは、数種類のテンプレートから選択し、そのテンプレートがもつレイアウトに従ってコンテンツを配置することになります。テンプレートには単に文字や画像を表示するだけのものと、選択肢を文字や画像で示しタッチパネルで選択可能にするものがあり、これらを使い分けることになります。

GUIとVUIの利用する量の度合い

画面と音声のバランスをとるために注意すべきポイントは下記のとおりです。

- 音声と画面に表示される文字に違いはないでしょうか？ 意味が同じということ
  だけではなく、文言を一言一句合わせるのか、合わせないのかを判断した上で
  チェックします
- 画像や文字列の表示が正しくなされているでしょうか？ 欠けたりしていないで
  しょうか？
- 画像や文字のサイズは適切でしょうか。大きすぎたり、小さすぎたり、荒すぎ
  たりしていないでしょうか？
- 数メートル離れた場所から見たときに読み取ったり、判別できるでしょうか？
  どの程度、離れた場所から識別できたほうがよいのかは、そのサービスの性
  格、音声と画面で伝える情報のバランスや種別にもよります
- 画面表示に依存しすぎないようにします。音声だけでも基本的な情報が伝わ
  り、目的が達せられるように心がけてください。あくまで画面は音声を補足す
  る存在であることを忘れないようにします
- 画像の表示までの時間をなるべく短くし、何らかの要因で待たせることがない
  よう、タイミングを合わせます。場合によっては、発話のタイミングよりも少
  し早く表示されていてもよいでしょう

※ 参照 「Display インターフェースのリファレンス（Amazon）」
https://developer.amazon.com/ja-JP/docs/alexa/custom-skills/display-interface-
reference.html

> ### COLUMN　VUI/VUXのヒントになるお薦め書籍　その⑪
>
> ● 『さよなら、インタフェース ─ 脱「画面」の思考法』
> ゴールデン・クリシュナ 著，武舎 広幸 他訳，ビー・エヌ・エヌ新社，2015
>
> インターフェースをもたないという「No UI」の概念を提唱した書籍です。
> 著者は、Googleのデザイン戦略のトップを務めるゴールデン・クリシュナ氏
> で、現在のユーザーインターフェースの問題点、No UIを実現するためのルー
> ル、今後の課題について、独自の見解が示されています。
> 「1人ひとりの利用者に向けて特別な処理を行うこと」「事前に準備しておき、
> できるだけ不必要な処理やインタラクションをなくすこと」などを提言しつつ、
> これからのUIの理想像を描いています。

マルチモーダルと、タブレットとの大きな違い、サポートのためのGUI

　視覚や聴覚、触覚などの複数の感覚、複数の手段を用いた方法を「マルチモーダル」と呼びます。スマートスピーカーに搭載されているディスプレイの用途は、スマートフォンやタブレット端末、パソコンとは大きく異なります。あくまでVUIの補足、サポートのための画面なのです。音声を補足する存在であることを忘れずにサービスを作らなければいけません。実際の仕組みとしては、画面付き端末と画面なし端末で、異なるフローを切り替えることになります。

　Amazon Alexaの画面付き端末向けのスキル（スマートスピーカー向けのアプリのようなもの）は、Amazonのタブレット端末でも利用できます。タブレット端末利用の際は、音声だけで利用する方法と、画面あり端末として利用する方法の両方を選択することができます。

　画面付きスマートスピーカーは、だいたい利用者が立っている場所から2メートルほど離れたところに設置されていることを想定しています。それ以上離れている場合は、音声だけを使うか、利用者がある程度近づいて利用することになります。

　音声と画面が両方存在する場合の注意点は、下記のとおりです。

- 画面内で動画が再生される場合、その音や音声が大きすぎないよう、かつ聞き取れないほど小さすぎないよう、バランスをとります
- 音声での応答開始と、画面での応答開始、または終了のタイミングが一致するようにします。表示や発話のタイミングがずれていないこと。一般的なスマートフォンやパソコンに比べて、画面表示にかかる時間が遅い傾向があるため、あまり待たずに表示されるよう調整すること
- 音声で読み上げられるコンテンツや選択肢の順番と、画面による表示順に違和感がないようにします。上から下、左から右など、一般的な順番に従います
- 画面上のコンテンツは、すべて音声での情報提示と対になったものであり、画面だけの独立した情報やコンテンツは存在しないようにします。画面内のコンテンツや選択肢は音声でも選べるようにします

- 音声での選択肢と画面での選択肢の数が、異ならないようにします。タッチパネル側に限られた選択肢しか表示されておらず「答え」がそこに含まれていない場合、または音声で説明された以外の選択肢が画面に存在する場合、利用者が悩んでしまいます

- 利用者は、音声操作中に画面を見るでしょうか、見たくなるでしょうか？ 音声だけでは足りない情報は何かを吟味します。。音声と全く同じ量の同じ情報を画面表示するのであれば、あまり意味はありません。「音声だけではわからない画像を表示する」「複雑な選択肢を音声で聞いて覚えていなくてもいいように画面に選択肢を示す」などといった「画面」ならではの利用方法を考えると、メリットが享受できます

- 現在の端末だけでなく、将来登場する異なるサイズ、異なる形の画面のことも考え、サイズを固定したり、無意味に改行して表示を整えたりすることは避けます

　現状、少しずつですが、画面付きスマートスピーカーの機種が増えつつあります。けれどもすべての端末に画面が搭載されるということはなく、依然として音声のみの端末や、数世代前の端末も活躍しています。今後は多種多様な端末のことを想定した上でサービスを提供していくことになりますが、基本はやはり「音声」であり、「音声」を軸としてサービスを提供するという方針は今後も変わらないでしょう。

> **COLUMN　VUI/VUXのヒントになるお薦め書籍　その⑫**
>
> - **『人はなぜコンピューターを人間として扱うか**
>   **ー「メディアの等式」の心理学』**
>   バイロン・リーブス，クリフォード・ナス 著，細馬 宏通 訳，翔泳社，2001
>
> 　人がコンピュータを人間として扱うことに関して考察した、1996年に出版された書籍の日本語版です。「なぜスマートスピーカーを人間のように扱ってしまうのか」といった課題に現在でも示唆を与える哲学的な書籍です。
>
> 　人間はなぜ家電製品やコンピュータに対し、人間相手のように怒ったり、名前をつけたりするのでしょうか。本書では、コンピュータと人との距離感、コンピュータの性格づけ、必要なエチケットなどの観点から、コンピュータのあるべき振る舞いについて深く考察されています。
>
> 　VUIデザインの観点からも、コンピュータの性格づけ、人への接し方などについて、深く考えさせられる書籍です。

マルチモーダルの画面との距離、1メートル？ 5メートル？ 音声で？ タップで？

　スマートスピーカーに搭載された画面の場合、スマートフォンのように目の前で見ることはまれです。実際の利用では、VUIとともに数メートル離れたところからチラッと画面を見るような使い方が一般的でしょう。

　Amazon Alexaでは、2メートル離れたところから利用することを想定し、画面レイアウトや文字サイズが調整されたテンプレートが用意されています。

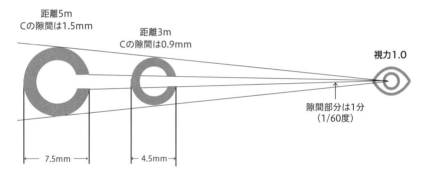

距離5m
Cの隙間は1.5mm

距離3m
Cの隙間は0.9mm

視力1.0

隙間部分は1分
（1/60度）

7.5mm

4.5mm

視力1.0の人が数メートル離れた際にどれくらい細かいものが見えるのかを視力検査の記号で示した

　画面サイズからどれだけの情報が表示できるのか考え、情報を詰め込みすぎてはいけません。離れた場所から見た場合、数秒間といった短時間で把握できる情報を吟味して、小さな限られた画面に表示する必要があります。その一方、音声だけでは覚えきれない情報を画面表示するとスムーズに利用でき、画面表示による利点が活かせます。

　また、表示のタイミング、表示が切り替わるタイミングも重要です。スマートフォンのようにユーザーが好きなタイミングで画面を切り替えられるわけではありません。そのためスピードやタイミングは、あくまで音声の進むスピードに合わせなければいけません。さらにタイミングで配慮すべきなのは、始まりだけではありません。終わりのタイミングも重要です。

- 音声での発話が始まったときには、すでに表示されているようにします
- 音声での発話が終わる頃には、必要な表示が完了しているにようにします
- 音声での発話中は、必要な表示がなされている状態にします
- 音声での発話が終わってからも、必要な内容はそのまま続けて表示します

　技術的背景としては、画像ファイルのデータサイズが巨大になると読み込みや表示に時間がかかること、外部URLにある画像や文字情報などのデータを引用して表示する場合は、さらにネットワークの遅延などの要素も考えられること、情報が少ないときと多いときでタイミングや表示にかかる時間が異なることなどに留意しておく必要があります。

　さらにGoogle Nestスマートスピーカー (旧Google Home) 端末の一部では、画面に触れずにジェスチャでも操作できるようになっており、音声操作でのタイミングだけでなく、ジェスチャ操作による表示タイミングも検討、調整することを考えておかなければいけません。

　あらかじめ用意されているテンプレートの画像サイズ、文字サイズは、さまざま要素を検討・テストした上で決まったものです。それらのサイズを変更して大きくする、小さくするときは、何かしら理由や目的がある場合のみ設定を変え、特に理由がない場合は、用意されたものをそのまま利用するのが将来的にも得策だと考えられます。

> **COLUMN　VUI/VUXのヒントになるお薦め書籍　その⑬**
>
> - **『超一流の雑談力』**
>   安田 正 著，文響社，2015
>
> 　雑談について書かれた本です。人は日々コミュニケーションの手段として雑談をしていますが、それらはわざわざ予定をいれて行うものではありません。今から雑談してくださいと言われても、なかなか話は弾みません。
>
> 　本書では、コミュニケーション促進に役立つ雑談をするための様々なテクニックが取り上げられています。
>
> 　目的が決まっている会話よりも、雑談のほうがVUIにとっての難易度は高くなります。人と人の雑談についての本ですが、もちろんVUIデザインにおけるちょっとした会話のヒントになる話題が満載です。

マルチモーダルは、言葉を補足するものを表示する

　スマートスピーカーに搭載された画面のコンテンツ、指示、ユーザーインターフェースは、それ単独では成り立たないものです。VUIと組み合わされて初めて意味をなし、VUIを補足する役目があります。画面付き端末による情報の補足が良い評価につながるのは、どういった場合でしょう。

- 音声による発話は、そのとき、そのタイミングだけの体験ですが、画面の場合はそこに何か「常時」表示しておくことができます
  - 例：時刻、天気、写真、再生中の音楽のタイトルなど
- 画面サイズは限られますが、「動画」を見るための画面として活用できます
- 文字数、文章の量が多い場合、耳で聞くだけでなく文字を表示することで、その意味をより的確に伝えることができます
- 音声では伝えきれなかった内容を、文字として画面に表示できます。例えばニュースの冒頭のみを音声で伝え、続く詳細は、文字で表示するなどといった使い方ができます。
- 聞き逃してしまった内容を、聞き直すのではなく画面で確認できます
- 複数の作業、情報を同時に確認することができます
  - 例：複数のタイマー表示など
- 音声だけでは理解しづらい事柄を画像や写真で補足できます。図鑑のようなコンテンツや、地図、電車の乗り換え方法を提示するような場合、画面表示には圧倒的な利便性があります
- 質問される前、指示される前に先回りして画面表示しておくことができます。例えば、現在再生中の音楽の曲名、アーティスト名、ジャケット写真を表示するなどといった利用法です
- 選択肢が複雑であったり、覚えておかなければいけないようなものであったり、数が多かったりする場合などは、音声での発話だけでなく画面で補足することで、圧倒的に使いやすくなります。ただし、そもそも複雑な選択肢を提示すること自体を検討する必要があります

- 遠くから見ても判別できるもの、画面を見なくても意味をなすもの、端末に近づいて見なければ意味をなさないものなど、種別をはっきりと分けて考える必要があります
- 文字だけでなく絵やアイコン、画像などは、瞬時に視覚で理解することができます

　耳から入った情報は何かしら解釈したり考えたりするのに少しだけ時間を要しますが、目から入ってきた視覚情報はすぐに理解できる気がします（個人的な見解です）。例えば「本日は午後から雨で……」と耳で聞くよりも「傘」のマークが表示されているほうが、「雨」と理解するスピードが速いということです。ただし、目から入ってきた情報が理解できなかった場合は、理解したり解釈するまでにかえって余計な時間がかかる場合があるでしょう。

映像情報

音・音声・音楽

文字情報

身体性・ジェスチャ

複数の感覚、種類で構成されるマルチモーダル

077

マルチモーダル時のビジュアルデザイン も、パーソナリティ、性格を設定する

VUIの会話や言い回しを的確に表現するために、VUIは人ではありませんがその人格や性格を設定し、仮の人物像である「ペルソナ」を決めておくと、指針とする人物像が明確に浮かび上がるため、悩まずに言葉遣いを考えることができます。スマートスピーカーの画面についても、これと同様にブランドやペルソナに沿った印象を与える必要があります。

スマートスピーカー付属の画面は、スマートフォンやパソコンやテレビのように高精細で何から何まで表示できるといった環境にはありませんし、あらかじめ用意されたテンプレートやスマートスピーカーがもつ機能の範囲内で表示内容を扱うため、さまざまな制限を受けます。そうは言っても、表示されるものの雰囲気を目的に沿ったものにするほうがよいことは明白です。

注意すべきポイントは次のようなものです。

- 音声として発する文言、言い回し、言葉遣いからイメージする雰囲気だけでなく、それらが画面に表示されたときに受け取る印象、雰囲気も考慮する必要があります。音声で聞いたときには自然に聞こえた言い回しも、それが文字で書かれた場合、くだけすぎた文言に見える場合もあります。また逆に丁寧すぎる文言に見える場合もあります
- 語尾によって雰囲気が異なります。文字で読む場合、同じような語尾が続くと違和感が生じるときがあるため、表示する文字に合わせて、音声側の発話の語尾を調整するような場合もあれば、発話と文字表示を一致させず、発話は発話で最適な言葉を使い、画面表示の文字は、意味は同じでもそれとは異なる文章を表示するような場合もあります

  例：洋画の字幕や、バラエティ番組のテロップのような用例
- 難しい言葉を使うのか、平易な言葉を使うのか、それが文字になったときにどういう印象を得るのか、話し言葉と書き言葉のバランスをとる必要があります
- 文字フォントの種別によって、硬い／柔らかいといった発話の印象が変わる場

合があります。音声や声質だけではなく文字の印象によっても、利用者の情報の受け取り方に影響を与える可能性があるのです。例えば、お化け屋敷を想像するようなおどろおどろしいフォントでセリフが表示されていた場合、発話がそれほど恐ろしい表現でなかったとしても、視覚からの情報に影響を受け、恐ろしい印象を与えてしまうと考えられます

- スピードの速さ、遅さ、表示の速さ、遅さによって、おっとりしているのか、せっかちなのか、急いでいるのか、ゆったりしているのかという印象が異なる場合があります

　基本的には、まず音声、声のキャラクター設定、ペルソナ設定から始まり、それに沿った画面表示、画面デザインを考えることになります。けれども画面のデザインが進むにつれ、また機能制限の壁に遭遇するにつれて、可能な範囲で音声側の調整が必要になってくることでしょう。どちらにしろ、音声と画面とで等しい雰囲気をもたらすことが重要です。これらがずれていると、顔は笑っているのに声は怒っている人のように感じてしまい、利用者はその理由を明確には指摘できずとも、違和感を覚えてしまいます。

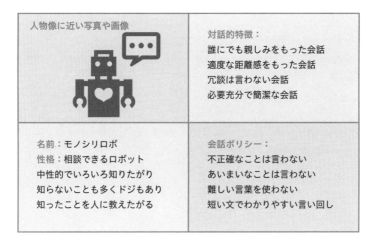

VUIのキャラクター設定、仮の人物像「ペルソナ」設定の例

078

音声と画面との連携
Alexa Presentation Languageの考え方

Alexa Presentation Language（APL）は、Alexaのスキルに視覚的情報を付加するための仕様です。APL Designerという専用の画面デザインツールが用意されており、いくつかのテンプレートから、画面コンテンツの組み合わせやレイアウトを選んだり、オリジナルの画面を作成したりすることが可能です。

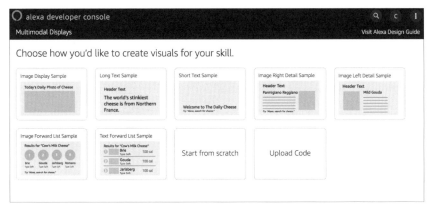

APLデザイン用ツールの各種テンプレート

APL制作時に注意しなければいけないのは、画面上でタッチした際、Alexaのスキルがその内容を解釈して何らかの反応を返すタイプと、ビデオの再生またはアニメーションを直接開始するタイプの振る舞いがあることです。

そのほか、APL利用時に注意すべき事項として下記の要素があります。

- 音声だけの操作、または画面だけの操作など、どちらかの操作方法しか受け付けない要素はなくし、音声でも画面タッチでも両方で同一の操作を可能にします
- 画面にコンテンツの内容を表示する場合、それらの内容を読み上げるか読み上げないかの判断を、ユーザーに委ねることもあります

- 動画の再生などでは、画面上の再生ボタンをタッチして開始する操作を当たり前とは思わずに、音声でも再生開始を指示できるようにします
- 音声での読み上げが進むにしたがって、画面上の現在発声している箇所をハイライトしたり、色を変えたりして目立たせる工夫をします
- 画面上の文字や画像を自由なサイズ、配置にすることは可能ですが、全体的な一貫性に配慮が必要です。APLでは「スタイル」という機能でこれらを定義できます
- 将来的に新しい画面サイズの画面付きスマートスピーカー端末が登場することも考えられるため、その時点で存在する端末の画面サイズのみならずその他のサイズにも対応できるよう、画面サイズに依存しないレスポンシブ対応の画面レイアウトを考えます
- シミュレータでもある程度、音声と画面の動作チェックが可能ですが、実機で「音声」「画面」「音声と画面」のチェックを実施したほうが安心です
- APLで想定されている画面サイズは、Echo Spotなどの画面が小型で丸いもの、画面が中型や正方形のもの、比較的大きめの横長画面のもの、テレビに接続して大型の画面で利用する場合のものなど、さまざまな種類があります
- 古い機種の場合、タッチパネル機能がないものもあります
- タッチ機能に依存せず、ジェスチャで入力可能な機種もあります
- 音声のタイミングと画面表示のタイミングを調整します。場合によっては、「アイドル」命令によって数百ミリ秒待ってから表示させるなどの調整を行います

画面付きのスマートスピーカーの機種は今後も続々と増えていくことが予想されます。音声だけではない情報提供の手法を確立していくとともに、画面に頼り過ぎないスマートスピーカーの使い方に工夫を凝らしていくことが求められています。

音声のタイミングと画面のタイミング

スマートスピーカーからの発話のタイミングが重要であることは明確ですが、それに加えて、VUIで利用している音声の発話や返答のタイミングと、スマートスピーカーの画面に表示される情報の表示タイミングの調整も必要です。人間の五感のうち、87%が視覚情報に頼っていると言われています（諸説ありますが、聴覚情報よりも視覚情報の割合が多いのは確かです）。その際、視覚への情報伝達が先に行われると、注意や情報処理が視覚に偏ってしまい、音声での情報に意識が向くのが遅くなったり、聞き逃したりすることがあります。もちろんこれらのタイミング、重視する度合いには個人差があり、耳からの情報のほうが認知しやすい人もいるでしょう。どちらにしろ「タイミング」に配慮する必要があることは明白です。

また、聴覚と視覚のタイミングが「同時」であることが、必ずしも最適でない場合もあります。例えば、先のことが予想できるのであれば、視覚がある程度先行します。具体例として、楽譜を見ながら楽器を演奏する際、実際に演奏している音符の少し先の楽譜を目では追っている場面などがこれに当たります。また、朗読しながらその文面を目で追っている場合、目は現在の箇所の少し先の文章を見ているのではないでしょうか？逆に、ミュージックビデオのように音楽やリズムが主体の映像の場合、音が先で、映像がそれに合わせて動く場合もあれば、音楽のリズムと映像とがぴったり合うように描かれる場合もあるでしょう。

1対1の対話の場合、相手の発話が終わるのを待って、自分の発話を始めます。まれに相手の都合を考えず、相手が話し中だったとしても言葉を重ねて話し始める人がいますが、そういった場合、一方的になりがちで、対話という形がとれているようには思えません。

対話の際、次の発話のタイミングは「間」と呼ばれる無音時の時間の長さによって判断され、次の発話のきっかけとなります。人の会話の場合、どんなに長い文章を話しつづけたとしても、どこかで息継ぎのタイミングがあります。そこが意図しない「間」になります。また、なかなか相手が話し出さない場合、「間」を長くとると、

無音状態にいたたまれなくなって何かを話し始めてくれる場合もあります。会話の先が予想できないと、タイミングよく発話するきっかけを失ってしまう場合もあります。詳しくは「027　聞き取りのタイミングと意味を理解するタイミング」「043「間」の大切さとその種類」を参照してください。

　発話のタイミング、無音状態である「間」のタイミングは、対話の相手に合わせる傾向があります。ゆったりとした喋り方、十分な「間」を空けて喋る人との対話では、たとえ自分がもっと早く喋ろうと考えていたとしても、普段よりゆったりと喋りがちになります。自然とお互い相手のタイミングに合わせて喋るようになるのです。

　VUI利用者が求めるタイミングと、情報提供者側が提示したいタイミングは必ずしも一致しません。初めから完璧なタイミングを目指すのではなく最適なタイミングに少しずつ寄せていくといった検討、調整が必要なのではないかと考えられます。

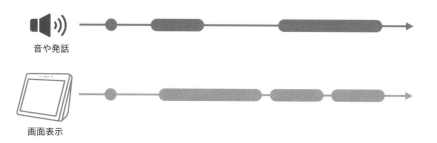

画面遷移のタイミングと発話のタイミング例

画面との連携、ジェスチャの連携

　Googleアシスタント対応のSONY製スマートスピーカーは、音声による操作だけでなくジェスチャ操作にも対応しています。またGoogle Nest Hub Max（Googleアシスタント搭載のカメラ＆画面付きスマートスピーカー）も、画面の上部に搭載されているカメラに向かってジェスチャすることで、声やタッチパネルでの操作の代替とすることができます。

　SONY製スマートスピーカー LF-S50Gの場合は、本体に触れなくても約2〜3cmに指を近づければ操作できるようになっています。音量を上げたり下げたり、一時停止したりという操作を、実際に触ったり、音声を使ったりしなくても実現できます。ただこちらは、身ぶり手ぶりで操作するジェスチャというよりは、あくまでボタンやダイアルを触る操作の代替だと考えられます。具体的な操作方法としては、後方から前方に手を動かすと「再生」と「停止」、右で「1曲送り」、左で「1曲戻し」、手を前方から手元に戻すと「Googleアシスタントの起動」となっています。さらに、スピーカーの上部で指をかざして右回しすると「ボリュームアップ」、左回りで「ボリュームダウン」となります。

　一方、カメラが搭載されたGoogle Nest Hub Maxは、「クイックジェスチャ」と呼ばれるジェスチャ機能をもちます。「クイックジェスチャ」は、画面前方に搭載されたカメラの画像認識による簡易的なジェスチャ認識機能です。本来であればタッチパネルを操作する場面で、画面前方にあるカメラの前に手のひらを数秒かざすだけで、画面に触らずとも操作が可能です。例えば、「タイマーの停止」「音楽の再生・停止」「次の曲へスキップする」などの平易な機能で利用できます。

　ジェスチャ操作が使えるメリットとしては、端末を触らなくとも操作が可能であること、毎回わざわざ長々と声で指示せずとも、一瞬で操作が完了することなどが考えられます。一方、デメリットとして次の要素を考慮しておく必要があります。

- ジェスチャ操作が可能であることを知らないと、この機能を使えません
- 操作方法をほかの人に説明したり、言葉や図示で説明するのが困難です

- 利用者が、どういう動きのジェスチャ操作で何が起きるのかを覚えておかなければいけません
- ジェスチャに対するフィードバックが曖昧なため、操作が完了したことを明示的に表現する必要があります
- サービスの種類や状況によって、必要なジェスチャに一貫性がないと戸惑う場合があります
- ジェスチャの動きの量や時間、動かす角度やタイミングなどに個人差や認識の差があるため、利用者が、うまく認識してもらえる距離や動き、タイミングを体感し、身体的に覚えておかなければいけません。また時間が経ってから再度ジェスチャを再現する際は、同じ動作を的確に繰り返さなければいけません
  例：速すぎると認識しないので、ある程度ゆっくり手を動かす
  　　4cm以上指が離れると認識しないので2〜3cmまで近づけたままで操作するなど
- 意図しない動作がジェスチャとして誤認識されてしまう可能性があります

　ジェスチャはいったん覚えると平易に使える一方、実際の操作と紐づいた動作でない限り、一度忘れてしまうと思い出しづらい場合があります。また、人に伝えるのが難しかったり、うまく動作しなかった場合なぜうまくいかなかったのか、動きが悪かったのかわかりづらく、その動きを修正するのが難しい面もあります。ジェスチャは便利なテクノロジーですが、それだけに頼らず、適材適所、ジェスチャを用いずとも同じような操作を別の手段で実行できる方法を考えておくとよいでしょう。

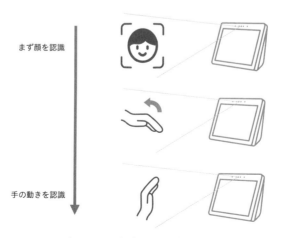

まず顔を認識

手の動きを認識

スマートスピーカーをジェスチャで操作する様子

会話をテストする。期待どおりか、
そうでないかはどう見分ける？

　人間同士の会話で問いかけや質問を行う場合、ある程度、回答の内容を予想していることが多いはずです。もちろん想定外の回答が返ってくることもありますが、回答を予想しておくことによって大まかな心構えができます。VUIの場合は、顔色を窺うようなことができないため、うまくいかない場合にそのうまくいかなさをカバーするのが、人と人の会話以上に難しくなります。あらかじめさまざまな「うまくいかない」会話を想定しておくことによって、ある程度の不具合が回避できます。また、どういった会話が人にとって「期待どおりの会話だった」と感じさせるのか、十分なテストを繰り返すことで大まかにつかむことができます。

　VUIのテストで心がけるべき点は下記のようなものです。

- よほどのことがない限り、最初から「完璧」なものは作れません。引っかかる場所、不具合、想定外のことが一切なく、間違いに気づくこともないようであれば、何か前提が間違っている可能性があります。制作のできるだけ早い段階で、いろいろな間違いに気づき、修正していくことが大切です
- どれだけテストを繰り返しても「完璧」にはならないと考えるのが妥当です。早い段階で、繰り返しテストし、VUIサービスをリリースしてから、利用者が使い始めてからも修正を続けられるよう考えておきましょう
- 10章でも触れていますが、VUI役と利用者役の2人の人間による会話によって、VUIにおける会話の要素をテストし、検討することができます。この際、注意すべきなのは、身ぶり手ぶりでコミュニケーションしないよう、背中合わせで顔を見ないで対話することです。このとき、会話のシナリオ、バリエーションを用意しておき、そのとおりに会話することを基本とします。シナリオにない会話が発生した場合は、記録しつつ、それをシナリオ修正案の参考とします
- 人の声ではなく、機械的な音声によって会話のテストを実施します。macOSのsayコマンド、Google Translateのもつ発話機能、そのほか、TTS（Text To

Speech) システムと呼ばれるテキストから音声データを作るツールを活用し、人工的な音声でテストするのも良い手です。Google Cloud Text-To-Speech では、発話のピッチ (音声の高い低い) やスピードも調整することができるため、細かな調整に便利です。ただし、これらの音声はあくまで「仮」であり、スマートスピーカーの発話とは異なることを認識しておかなければいけません

- VUIのテストの際は、会話に意識が集中してしまいがちなので、意識的に記録を録るよう準備しましょう。音声だけの記録では後で活用しづらいため、テスト参加者の表情がわかるよう、音声のテストですが「動画」で撮影して記録しておくと、該当箇所を探したり、そのときの様子を把握したりするのに後々便利です。また、動画の記録に頼りすぎず、テストの最中に気づいたこと、後で見返すことなどをメモしておくのも重要です。その際、録画開始時からの経過時間もメモしておきましょう

- 発話の様子や調子、スピードなどを細かく確認したい場合は、スマートスピーカーに発話させる形のテストも必要です。「やまびこ」のように人が話したことを単に言い返すようなテストも便利に活用できます。詳しくは「089 やまびこテスト。発話のテスト」も参照してください

- テスト時は、対話がうまく成り立つか網羅的にさまざまな対話を試してみます。「うまくいかない会話はないか?」「不自然に聞こえるフレーズはないか?」「不自然に思える回答はないか?」といった「不自然さ」を排除する観点で行います

- 各スマートスピーカーのプラットフォームでは、一般公開する前に、限定的なメンバーを対象にしたベータ版を公開することができます。ベータ版を公開し、開発者が想定しない会話や対話を洗い出して改善していくのも、時間はかかりますが確実なテスト方法です (ただし、あまり長期間ベータ版のままで公開しつづけることはできません)

- 正しい会話ができたかどうかだけでなく、気分の上がり下がりなど、利用者の感情の移り変わりもテストする必要があります。ネガティブな会話になりがちな部分をポジティブな言い回しに修正していくなど、「会話できる」だけでなく「良い会話ができる」よう配慮が必要です

- 開発者によるテストではなく一般ユーザーによるテストの場合は、スマートスピーカーに使い慣れている人を集めるのか、使ったことのない初心者を集めるのかで、テスト内容や、その目的や結果が大きく異なってきます。一般ユーザー向けのテストでしか発見できない事柄も数多くありますが、その前に開発

者によるテストを十分に実施し、ありがちな不具合を排除しておく必要がある
でしょう

　対象言語が英語であれば、Fabble[注1]、VoiceFlow[注2]といった便利なツールでプ
ロトタイプを作成し、容易にテストすることが可能です。そうした便利ツールが活
用できない場合は、OSに搭載されている読み上げコマンドを活用したり、HTML
ファイルで、ボタンを押したら発話するような簡単なツールを自作すると便利に
使えます。スマートフォンの画面デザインで使われることの多い Adobe XDでも、
音声インターフェースのプロトタイプを平易に作れるようになりました。
　さらに世界各国さまざまな言語や方言に対応するため、Applause[注3]のような実
社会でのテスト専業の企業も、VUIのテストに対応し始めています。

- ● 正常系（想定しているスムーズな会話の流れ）
- ● 準正常系（想定している、通常とは異なる例）
- ● 異常系（想定外のうまくいかない事象への対応）
- ● 例外系（途中で止まってしまう、先に進めないなどの不具合対応）

テスト種別	テスト項目	系統	頻度・優先度	テスト会話	会話の反応	想定外の記録	考察	対応の優先度
あいさつ	最初のあいさつ	正常系	中	こんにちは	こんにちははじめまして	おはようこんばんは	相手の会話に合わせる時間帯に合わせる	高
コア要素	天気を聞く	正常系	高	今日の天気は？	今日の東京の天気は晴れです	問題なし	場所の情報との関連性	低

正常系のストーリー数パターンを用意

各系統ごとにテストを用意する

注 1　https://fabble.io/
注 2　https://www.voiceflow.com//（公式にはまだ日本語対応していませんが、日本語で使う方法もいくつか存在します）
注 3　https://www.applause.com/

既存サービスの何を切り出して音声化するのか？ 人に頼むときを考える

　新しいメディア、デバイスが登場した際、最初のうちは既存のメディアやデバイスで提供されていたサービスやコンテンツが流用されることが多い傾向にあります。スマートスピーカー向けのサービスを考える際も、既存のWebサイトや、既存のアプリ、もしくは既存の店舗やコールセンターなどの電話応対を手始めに、そこでのサービスをVUI用に作り替えたり、参考にしたりすることが多いでしょう。そのとき注意すべきなのは、既存サービスのすべてをそのままVUIのサービスに移し替えようとしないことです。

　既存サービス、既存アプリをVUIのサービスとして切り出す場合に着眼すべき点は次のようなものです。

- 相手が人であった場合「声」でお願いしたい事柄はどういったことで、どのような頼み方になるでしょうか？
- 電話や人の応対とは違う、音声サービスならではの価値は何でしょうか？
- スマートフォンやWeb、または対面のサービスと比較して、音声インターフェースには心理的障壁を下げる効果があります。その価値を最大限に引き出すには、どこに重点を置くとよいでしょうか？
- 気軽に聞いて、簡単に答えてくれる。文章ではなく「会話」を生かすポイントはどこにあるでしょうか？
- 人が応対できない時間帯でも、いつでも（人のように会話で）応対できるのも良い点です。それを生かすのはどういった対応でしょうか？
- 単に手間を省こうとするのではなく、ユーザーが音声でひとこと「手間」をかけることによって新たな価値を提供できないでしょうか？
- 何度も同じことを繰り返すなど、人間は面倒すぎてやりたがらないことを任せられないでしょうか？
- 既存の機能、既存のサービスすべてを網羅しようとせず、なくなると困る必須の機能から切り出して機能を考えます

　また、従来のスマートフォンアプリでは、サービスに対する選択、入力といった要素をスマートフォンのタッチパネル上で直接的に素早く操作できます。しかしVUIの場合は、それらの要望、リクエストは直接的ではなく音声を介して行い、その結果も耳で聞いて理解します。そのため、どんなリクエストも誰かに口頭でお願いするようなワンクッション置いた操作になることに留意しなければいけません。

　こういった既存サービスを切り出す際に役立つのは、「MVP (Minimum Viable Product)」（実用最小限の製品）という考え方です。最初から100%完璧なものを作り上げようとせず、まずは最小限必要な機能を用意し、そこから少しずつ増やしていくという発想です。

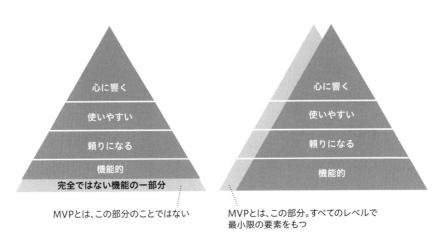

MVP (Minimum Viable Product) 必要最小限の製品

第10章

音声／会話サービスの試作、
テストの考え方

VUIのテストの仕方、観点

Webサービスやスマホアプリであれば、ある程度テストの手順や観点、手法は確立しています。網羅性をもって抜け漏れなく手間をかけて行うテストもあれば、少ない時間と手順で、できるだけ適切なテストを実施する工夫などもあります。ではVUIの場合、どうすればテストの網羅性を担保したり、少ない時間、手順で適切なテストを実施したりできるのでしょうか？

VUIでは、プログラムとして作らなくても、人と人同士の会話そのもので多くの要素がテストできるのが利点でもあり、難しい点でもあります。

準備

準備段階でやっておくべきこととしては、次のようなことが挙げられます。

- テスト用の会話集を用意し、うまくいく場合とうまくいかない場合を複数の流れで試します
- 会話のフロー（流れ）や、目的を記述したシートを用意します
- よく使う言葉や指示、お願いごとなどを、いつもと違う言い方で試してみます
- 下記「テスト時の着目点」要素のチェックリスト、気になった点を記録する準備をしておきます
- 会話のテストを録音・録画しておくと、振り返るときに便利です

テスト時の着目点

テスト時に確認すべきこととしては、次のような内容が挙げられます。

- 足りなかった言葉はないでしょうか？
- 言い回しはシンプルでしょうか？ 複雑すぎないでしょうか？

- 欠けている情報はないでしょうか？ または、余計な情報はないでしょうか？
- 使った用語は適切でしょうか？ 専門用語や方言などを使っていないでしょうか？
- 言葉遣いは適切でしょうか？ 丁寧すぎたり、くだけすぎたりしていないでしょうか？
- 会話の流れはスムーズでしょうか？ 突然話題が切り替わったりしていないでしょうか？
- 言葉や返答が足りなかったとき、どう対応していますか？ その流れは適切でしょうか？
- そもそも発言内容は正確でしょうか？ 用語や言葉の順序、言葉遣いに間違いはないでしょうか？
- 目的に達するまでの発話数はどれくらいでしょうか？ その数は多すぎないでしょうか？
- 会話の中で、覚えておかなければいけない要素はあるでしょうか？
- 対話としての親しみの度合い、対話の距離感は適切でしょうか？ プライベートな内容に踏み込んでいないでしょうか？
- 何を言ったらよいかわからなくなることはないでしょうか？

　VUIの場合、想定したとおり会話がうまくいくときはよいですが、それ以上に、うまくいかないケースが数多く考えられます。これはボタンやメニューを選択するGUIと大きく異なる部分です。あらかじめ用意されたボタンの中から操作するのであればテストもその範囲に限定されますが、音声の場合はある意味「無限」とも言えるさまざまな会話の組み合わせがあるため、できるだけ多くのパターンをテストでカバーしておくというVUIならではの視点が必要になるのです。

スマートスピーカーが発話する場合のテスト着目点

　一方、スマートスピーカーが発話する場合は、さらに次のようなことにも注意するとよいでしょう。

- 何回か繰り返した場合、同じ対話になるでしょうか？ または、設計どおりに揺らぎが生じているでしょうか？

- 口調や、スピード、声の高さなどは適切でしょうか？　違和感はないでしょうか？
- 無効な反応、無意味な反応がどれぐらいあるでしょうか？　それらに対処できているでしょうか？
- 適切に会話を終了しているでしょうか？　うまくいった場合とうまくいかなかった場合の両方について確認できているでしょうか？
- 明快、明瞭でしょうか？　話し方のぎこちなさによって、信頼を失う要素はないでしょうか？

事後テスト

事後テスト時の確認事項としては次のような点があります。

- 不具合修正後に、それらが正しく修正されたのかを確認します
- 可能であれば、不具合を見つけた人が修正されたことを確認するのが理想です
- 不具合修正によって、ほかの不具合が発生していないかを確認しておきます
- 全体を通して、ペルソナやブランドに合っていない発話がないかどうかを再チェックします

テスト用の会話集
想定しているストーリーを数パターンと、うまくいかない場合のパターンを考えておく

会話の流れ、目的記載シート
想定している会話の流れ、目的、得られる結果など

言い方バリエーションシート
異なる言葉や、想定される違う言い方を試すなど

回答チェックシート
会話の違和感や、気になった点を記録しておく

会話記録シート
テスト順、時系列にしたがって、テスト状況を書いておく。同時に録音や録画をしておくとよい

テストの各工程で役立つさまざまなシート

084

インテント（意図）とは

　スマートスピーカー、VUI全般では、「インテント（意図）」と呼ばれる概念が存在しており、これを駆使してサービスを構築します。

　VUIが発する音・音声は、大きく4種類に分かれます。「Utterance（発話）」、「Intent（意図）」、「Prompt（返事）」、「Earcon（イヤコン）」です。Earconという言葉はなかなか馴染みがありませんが、「短い特徴的な音でコンピュータ側の入力が完了したことを確認するためや、何かを知らせるために発する音」のことを指します。アイコン（icon）の「i ＝ eye（目）」と読み変えたものを「耳 ＝ ear」に差し替えて、「耳のためのアイコン ＝ Earcon」とした造語です。注意を引くのには有効ですが、使いすぎると人の言葉が話せないロボットとの対話のような、不自然な雰囲気になってしまいます。そのほか、グラマー、エンティティ、コンテキスト、スロットという概念も存在します。

　ここで取り上げる会話の「意図（インテント）」とは何でしょうか。「意図」とは会話がもつ「裏の意味」であり本来ユーザーがしたいことを示します。つまりユーザーの言葉の意味をそのまま捉えるのではなく、何かしらの「意図」があって、その言葉を選んでいるとみなすわけです。

　例えば、ユーザーが外出のときに傘をもっていくかいかないか悩んで「今日の天気は？」と聞いた場合、その裏にある意味（意図）は、気温が何度なのか、最低気温、最高気温は何度なのかというよりも、雨は降るのか？ ちょっとした小雨なのか、大雨なのか、折りたたみの傘で十分なのか、頑丈で大きな傘のほうがいいのか？ そもそも今、雨が降っているのか？ といったものです。一方、同じく「天気は？」と聞いた場合でも、単に「雨です」といったそっけない答えより、「今日の天気は、最高気温何度、最低気温何度で、曇り時々晴れ、夕方から雨が降るでしょう」と短い問いかけを広義に解釈して返答するほうがよい場合もあります。また、いつも雨が降るか降らないかばかりを気にしているユーザーに対しては、「曇りのち晴れです」と答えるよりも「雨の心配はありません」と答えたほうが、ユーザーのコンテ

キスト（状況）を理解し、ユーザーに寄り添っている感じがします。

インテントに関して、注意すべき観点は次のとおりです。

- ユーザーは何が目的で何を知り、何を完了したいのでしょうか？
- その目的を果たすために、どういった会話、発話をすればよいでしょうか？（複数パターン考えておきます）
- ユーザーにわざわざ提示はしませんが、VUI側で把握しておかなければいけない事柄は何でしょうか？
- 意図を伝える際に変動する数や値（スロットと呼ばれる）は何でしょうか？
- 1回の会話ですべて指示できてしまう場合と、要素が欠けていて、何度か会話しなければ最終的な意図がわからない場合とでは、どのような違いがあるでしょうか？
- ユーザーが「こう発話したら意図はこれ」といった対応付けは、どれくらいあるでしょうか？

通常、VUIプラットフォーム側には一般的なインテントとして、「キャンセル」「ヘルプ」「次」「前に」「いいえ」「はい」「もう一度」「一時停止」「再開」「ストップ」などが用意されています。

 何を知り、目的として何を完了したいのか？

 目的のためにどういった会話をするのか？

 意図を伝える際に変動する値は何か？（日時、数、量、単語など）

 会話に必要な複数の要素には何があるか？（日時と時間、場所と時間など）

 会話の意図、その背景にあるもの、コンテキストとして共有されているものは何か？

インテント（意図）として考えられる要素

085

インテントの整理の仕方

前項084に続いて、インテントの整理の仕方について考えます。サービスとして適切なインテントを洗い出しそれらを整理するには、どういった手順で作業を行えばよいのでしょうか？

サービスごとに特別なインテントを作ることもできますが、ユーザーの意図を細分化しすぎると実装が大変なので、必要なものから限定的に広げていくとよいと考えられています。また対処すべき正しいインテントを見つけるためには、開発者側の都合だけでなく、綿密なユーザーリサーチが必要であるとも言われています。

インテントを整理する観点としては、次のものが挙げられます。

- 標準のインテント、デフォルトのインテントのどれに当てはめるかを考えます
- 複数の解釈が成り立つ場合、インテントの優先度を考慮することで、どれに当てはめればよいのかを導き出します
- うまくいく流れ（ハッピーパスと呼ばれる）はもちろんのこと、うまくいかない流れ、意図がうまく伝わらない場合のことを考慮しておきます
- うまくいかなかった場合のの代わりの手段（フォールバックと呼ばれる）、その場合に提示すべきこと、その後フォローすべき事柄を複数考えておきます

サービスの種別にもよりますが、うまくいく場合が2割、うまくいかない、うまく伝わらない場合が8割くらいの比重と考え、さまざまなうまくいかない事例とその対処を考える必要があります。

また、同じような意図、目的のインテントであっても、言い方によって次の3種類に分けて考えられます。

- **フルインテント**：言いたいこと伝えたいことが、一度の発言にすべて含まれるもの
  例：「明日の朝6時にアラームをセットして」

- **パーシャルインテント**：言いたいこと、伝えたいことが初めの発言に一部しか含まれていないもの。続く対話によって、必要な事柄、情報を埋めていきます
  例：「アラームをセットして」VUI：「何時にしますか？」「明日の朝6時」
- **ノーインテント**：ユーザーが言いたいことを伝える方法がわからない場合や、言い方がわからないような場合、VUI側からの発話が起点となる場合があります。
  例：VUI：「アラームをセットしたい場合は、日時と時間をおっしゃってください」「明日の朝6時」

　さらにいずれの場合も、ユーザーの意図どおりの解釈ができたのか、再確認する必要があります。上記3つの例では、VUI側から「明日の朝6時にアラームをセットしました」などの確認のメッセージが発話されて、ようやく対話が完了する流れになります。

各種インテントの使い分け、会話のやりとり

086

エラー時、間違ったとき、うまくいかないときの回復方法

Webやスマホアプリの場合、エラーが発生したり、間違った操作がなされたりして意図しない動作となったとしても、やり直せたり対処可能なことがほとんどでしょう。たいていはその状況を把握し、操作し直し正常な状態に戻すことができます。ところが、VUIでは簡単にもとの状態に戻ることができません。さらに、自分がどういう状態にあるのかといった現在の状況も、正確には把握しにくいという特徴があります。

音声認識技術の進歩により、単純な音声認識の間違いは減ってきましたが、意図しない言い間違いや、誤解にもとづくコミュニケーションの齟齬<ruby>齟齬<rt>そご</rt></ruby>はなくなりません。人と人同士の会話でも、誤解や聞き間違い、言い直しが必要な状況などが生じますが、これらはVUIと人間との会話でも数多く生じるのです。

VUIの場合、GUIやCUIに比べて、エラーに関しては特に細かい配慮をしなければいけません。着眼点としては次のとおりです。

- VUI側がユーザーの発話が理解できなかった場合の対応
- ユーザー側が何も発話しない、声を出さなかった場合の対応
- VUI側が話し終わらないタイミングでユーザーが割り込んで話し始めた場合の対応
- 慣れや理解不足が原因で意味が伝わらなかったり、誤解されたりした場合の対応
- 情報や要素は足りているでしょうか？ 足りていないでしょうか？
- 状況や場所の違いで、同じ言葉、発言でも解釈が異なる場合があるのではないでしょうか？
- うまくいかなかった場合、どうすればうまくいくのか、適切に優しく伝える必要があります
- 会話中のすべての箇所でエラーが生じる可能性があることを考慮しておきます

音声でエラーの発生を知らせるのは容易ではありません。エラーメッセージを考える際の観点は次のとおりです。

- どのような回答を求めていたのか、何を言ってほしかったのか、具体的に伝える必要があります。場合によっては、発話の例を示すとよいでしょう
- 必要最低限のことだけではなく、ユーザーにとって役立つ情報をすべて話す必要があります
  - 悪い例：うまくいきませんでした
  - 良い例：アラームのセットがうまくいきませんでした。もう一度日時をおっしゃってください
- 予想と異なる対応をされると戸惑ってしまいます。エラーメッセージを考える際は、その不具合時にどのような発言がなされるのか人間側の反応を予想して、それに対応した内容をVUI側に発話させます
- 完璧な対応ができない場合、妥協案や、代替の手段を示す場合もあります
- 場合によっては発話量が多くなってもよいので、内容を具体的に示します
  - 悪い例：OK
  - 良い例：ABC が設定されました
  - 悪い例：もう一度言ってください
  - 良い例：申し訳ありませんが聞き取れませんでした。
    　　　　AからBなどのように、もう一度ゆっくりとおっしゃってください

エラーでうまくいかない様子と適切な対応

087

VUIにおけるエラーメッセージ

コンピュータに表示されるようなエラーメッセージをそのまま音声で伝えられても、ユーザーは理解できず対処もできないのではないでしょうか？ 人間同士の会話では、うまく伝わらなかったとき、伝え方を間違ったとき、どのように言い直しているでしょうか。

スマートスピーカーに何か話したときに「すみません、よくわかりませんでした」と言われると、イラっときたり、残念な思いをしますが、同じくうまく伝わらなかった場合でも「何のお手伝いをしましょうか？」などの前向きな発話があると、もう一度、何か話そうという気分になります。

人間の場合、うなずきや顔の動きで発話の代替をするときもあり、場合によっては「無言」であることが同意を示すケースなどもあります。しかし、VUIの場合は「暗黙の了解」的なことはうまくいきません。会話に詰まってしまった場合、無言になった場合は、次の会話を促すか言い直してもらうよう、VUI側からお願いする必要があります。

GUIのエラーメッセージの場合は、単なる「エラー」ではなく、状況を正しく伝え、どうすれば回復、解決できるのか、また、どんな代案があるのかを提示するのがよいと言われています。これらを、システムやプログラム側の都合ではなく、ユーザーが理解できる言葉、用語を使い説明する必要があります。

VUIでのエラーメッセージの場合に必要な配慮としては、次のようなものが挙げられます。

- たとえユーザー側の指示が不適切だったとしても頭ごなしに否定しません。いったんすべて受け入れ、そこから会話をつなげます
- VUI側は変に卑下しません。ユーザーと対等の立場で対話します。VUI自身が愚かであるとわざわざ言う必要はないのです。うまくいかなかった場合にへりくだりすぎると、人間側がかえってイライラを募らせる場合もあります

- VUIの場合、「ごめんなさい」「すいません」などの謝る言葉は、気軽に複数の箇所で使用してもかまいません
- 文字によるエラー表示であれば「エラー」と書かざるをえない場合が多いかもしれませんが、VUIの場合、できれば「エラー」というグサっとくる言葉を使わずに、状態を伝える言い方を考えます。「エラー」と言われると、びっくりしたり、不安になってしまうユーザーも存在します
- うまくいかなかったことを曖昧にしてしまうのもよくありません。正常ではない状態であること、不具合であることを伝えた上で、適切な対応を伝える必要があります。そうしないと、ユーザーが問題があることに気づけない場合もあります
- 純粋にシステム側が原因のエラーが生じた場合、ユーザーが悪くないことを明確に伝える必要があります。人はうまくいかなかった場合、自分が悪い、やり方が悪かったと思う傾向があります
- 修正ややり直しを行うために、ユーザーに何かを記憶させたり、メモを取らせることは避けます
- うまくいかなかった場合でも、ユーザーが安易に途中で投げ出したり、諦めてしまったりすることがないよう、会話で導く必要があります

なお、エラーや不具合に気をとられがちですが、「うまくいったこと」を言葉でちゃんと伝えるのもVUIでは大切な事柄です。

コンピュータ対人間、人間対人間のエラー対処

088

会話のバリエーションに悩んだら
スマホでテスト

　手軽にいろいろな返答を考えたり、こういうときにはどう回答するのだろうと悩んだとき、手元にあるスマートフォンに問いかけるのも有益な方法です。1回で適切な回答が得られることは少ないかもしれませんが、何度も質問してその回答を聞くことにより、先人が作ったVUIの柔軟な会話を試しながら、自分のサービスでの会話のやりとりを想像し、発展させることができます。

　ライバルとなるVUIサービスや、直接的なライバルでなくとも参考になりそうな同様のサービスから、どのように会話を構築しているのか書き出してみるのも、会話設計のヒントを得られる良い方法です。

　VUIの場合、いつも同じ会話、いつも同じセリフのやりとりが続くと、それが内容的には正しくても機械らしさを感じてしまいます。人間同士の会話の場合、ちょっとした状況の違い、時間帯の違い、環境の違いなどによって、同じことを示す発話でもさまざまな言い回しがあり、会話に揺らぎがあるのが普通です。

　例えば、会話の始まりとなるあいさつ、掛け声1つとっても、「やあ」「おい」「ひさしぶり」「こんにちは、ところで」「そういえば」などがあります。あいさつや掛け声は、それ自身には特に強い意味はありませんが、さまざまな言い方があり、たいていの場合、1人の人でも状況に応じていろんな言い方をしているはずです。

　会話のバリエーションを考える際、次のような点に注目すると、複数の言い回しを考えることができます。

- 朝昼晩の時間帯や、平日か休日かによってあいさつを変えるなど、変化のバリエーションを多数考えた上で、そのうちいくつかを採用します
- 基本となる会話のほかに、少しくだけた親しげな会話、少しあらたまった堅い会話を考えます
- 文末、語尾のパターンを複数考え、会話の締めのバリエーションを増やします
- 言葉が少なめな短い発話、言葉が多めな長い発話など、長さのバリエーションを複数考えます

- ある言葉を同じ意味の違う言葉で言い換えてみます
- 文章の順序を入れ替えてみるのも1つの方法です
- 基本となる言葉から、少しポジティブな言い方、少しネガティブな言い方に変えてみます。ただし、やりすぎないようにしてください
- 基本となる会話から、少し女性っぽい言い方、少し男性っぽい言い方、どちらでもなく中性っぽい言い方、子供っぽい言い方、老人っぽい言い方などに変えてみます

　これらの会話のバリエーションは多ければ多いほどよいというわけではありません。サービスの性質やVUIのキャラクター、ブランドに適したものを採用する必要があります。

　一方、エラーや不具合の際のメッセージや、確認のメッセージなどについては、毎回同じ言い回しのほうが安心感があります。的確に物事が伝わるよう、適材適所で考える必要があります。

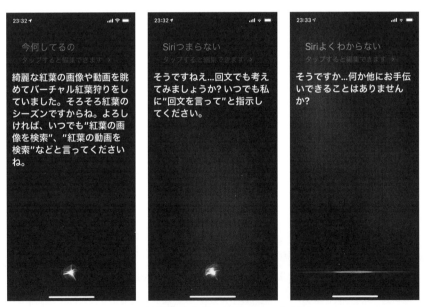

Siriとの対話例から会話のバリエーションを考える

089

発話内容が確認できるやまびこテスト

やまびこテストは誤反応、誤認識を確認するためのテストです。

文字を見ながら考えているだけではなかなか見つからない同音異義語の問題、滑舌が悪いことなどによる認識ミスを見つけられます。また、同じ言葉でも大げさな鼻濁音のせいで違う言葉に認識されてしまったり、方言などによるアクセントの違いで認識がうまくいかない場合もあります。さらに、人間による滑らかな発話と、合成音声による発話とを聴き比べ、違和感のある言葉を違う言葉に変えたり、よりわかりやすい言い回しに変更するための検討材料としても使えます。

Googleアシスタントであれば「やまびこ坊や」、Amazon Alexaであれば「やまびこボット」というサービスがすでに存在し、自分で用意せずとも手軽にテストに活用できます。また、ユーザーの話した言葉を認識し、それをそのまま発話して返す仕組みは、スマートスピーカー開発としては簡単な部類に入ります。声質を切り替えたり、スピードを切り替えたりできる自分用のやまびこテスト用のアプリを作ると便利かもしれません。

やまびこを使ったテストでは、人の発話をどの程度正しく音声認識してもらえるかという点と、スマートスピーカー側の発話がどれくらい正しく滑らかであるかという点を検討します。具体的には、次の点に注意します。

- 自分たちだけが知っている一般的ではない言葉を使っていないでしょうか？
- 別の言葉として誤認識されることは多いでしょうか、少ないでしょうか？ 子音が多い言葉の方が認識されやすい傾向があります
- 滑舌よく話さないと正しく認識してもらえないことはないでしょうか？ 多少モゴモゴ話しても、音声認識には問題がないでしょうか？
- イントネーションや、アクセント、言い回しが、自分の話し方とスマートスピーカーの話し方とで異なる場合はないでしょうか？
- 文の区切りや、長さなどは適切でしょうか？ 文章は長すぎないでしょうか？ もっと短い言葉で代用できないでしょうか？

- 男性特有、女性特有の言い方、語尾を使っているせいで、声質と言葉とで違和感が生じていないでしょうか？「オレが」とか「ですわね」などの言葉遣いがこれに当たります
- 話した言葉をそのまま自分で聞いたとき、意味が正しく認識できているでしょうか？
- 文字を見ないで、目をつぶった状態で音声だけ聞いたとしても、正しく内容が聞き取れるでしょうか？
- ほかの言葉と聞き間違いやすいものはないでしょうか？
- 集中していない状態や、多少の騒音がある中で聞いたとしても、ちゃんと聞き取れるでしょうか？

　上記のような観点でテストを重ねることによって、文章では違和感がない表現でも耳で聞くと変な印象を受けるものを調べられます。これによって、より良い言葉遣い、言い回しに変更するきっかけが得られます。利用者にとって、必死で滑舌良く間違わないように話さないと内容を認識してもらえないのは辛い体験です。利用者にとっては、言葉選びに悩むことなく、細かいことを気にせずともスムーズに認識され、かつ認識してもらいやすい適切な発話へと導いてもらえることが理想だと考えられます。

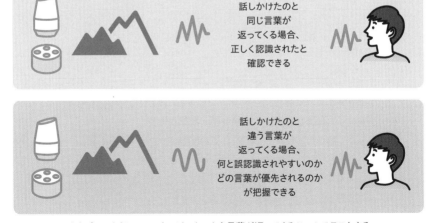

話しかけたのと
同じ言葉が
返ってくる場合、
正しく認識されたと
確認できる

話しかけたのと
違う言葉が
返ってくる場合、
何と誤認識されやすいのか
どの言葉が優先されるのか
が把握できる

やまびこのようにスマートスピーカーから言葉が返ってくるツールでテストする

090

一息で全部喋れるくらいの言葉の長さ

　VUIの会話デザインの際の最重要事項として「一息で全部喋ることのできるくらいの長さ」というものがあります。会話デザイン、設計段階では、コンピュータ画面上で会話を考えることが多くなります。黙読ではどれだけ長い会話でも読み上げることができてしまいます。実際の会話でも、息継ぎをすれば長い文を読み上げることはできますが、VUIでは一息で言い切れるぐらいの長さが適切です。

　もちろん短ければ短いほどよいというわけでもなく、必要な情報やニュアンスが失われてしまっては、機械的でぞんざいな印象を与える残念な会話になってしまいますので、バランスが大切です。

　一息で話せる長さとはどれくらいでしょう？　多少の個人差はありますが、息を深く吸って、話しながら息を吐いていくと12秒くらいかかります。これは聴きやすいスピードで話した日本語のだいたい50文字から60文字に相当します。母音や子音の数、単語の区切りによっても異なります。例えば、通常「教育委員会（きょういくいいんかい）」であれば1秒ぐらいの発話になりますが、「横浜市（よこはまし）」も同じ1秒ぐらいになります。

　文を短くするコツとしては、次のような点が挙げられます。

- 同じ意味の言葉を繰り返していないでしょうか？
    例：「いちばん最初から」
    　　「大切に取り扱い、各々が大事にしてください」
    　　「何度も見直して間違いがないようチェックしてください」
- 主語を何度も繰り返していないでしょうか？　日本語の場合、主語なしでも成立する文章が多く、意味が正しく伝わるようであれば、省略してもかまいません
- 文末に曖昧な言い回しを用いないようにします
- 二重否定など、複雑な文章構造を避けます
    例：「そういった事柄がないとも言い切れない」
    　　「まだ間に合わないとは言えない」

- 不必要な情報、修飾語は削ります
- そもそも長すぎる文は途中で分割して2つに分けます。「しかし」「だが」といった接続詞を使うと適切に分けられる場合が多いでしょう。接続詞に違和感がある場合は、そもそも接続詞が不要かもしれません
- より少ない文字数で、違う言い回し、違う言い方で伝えられないか工夫します
- 冗長な部分を見つけ、違う言い回し、違う言い方で代替します
- 主語と述語を近づけ、その間に入る言葉の量を減らします
- 「それ」「これ」といった代名詞をうまく使います。何が話題になっているのか明白な場合には、省略したほうがよいこともあります
- 「が」や「の」が連続して登場する場合は、文章がくどくなっている場合があります。同じ助詞が連続しないように言い換えられないか、省略してもかまわない内容が含まれていないか検討します

　文を短くするときの基本的な方針として、「1つの文では1つのことしか説明しない」という考え方があります。これによって、わかりやすく短い文章にすることができます。また最初から会話として文を書くのではなく、必要事項を箇条書きにしたり、単語を書き出しておいて、それをVUIの言葉に書き直していくのも短い文章を考えるための良い手法です。

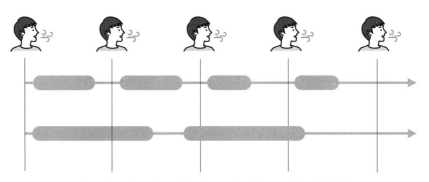

一息で話せる長さの文章が続く場合と一息で話せない文章が続く場合

091

イントネーションの調整

イントネーション、声の抑揚には感情が関係しています。もちろん相手にわかりやすく伝えるために抑揚を考えて話すこともありますが、感情の高ぶりによって自然と強調したい言葉を際立たせて話すこともあります。カラオケの採点では抑揚の有無が大きな要素になっており、感情の動きと抑揚には相関関係があります。例えば、経験の浅い役者の演技や吹き替えなどで「棒読み」ぶりにイライラした経験のある人もいるでしょう。これは、こちらが考える感情の高ぶりに対して言葉に抑揚がないため、感情と言葉の不一致と認識してしまうのが原因の違和感です。

では、VUIにおける適切な抑揚とはどのようなもので、どのように付与すればよいのでしょうか？ 抑揚には2つのパターンがあります。

- 文の中で伝えたい重要な単語を少し高い声で話す
- 文頭は高い声から入り、徐々に低い声にして話していく

実際の発話では、声が高い低いといった音程のほかにも、声を張る、大きな声を出す、怒鳴る、声を荒げるといった要素もありますが、VUIでは単に発話音量を大きくする以外、強調表現を実現するのは難しいところです。

抑揚によって強調するだけでなく、力を抜いてゆっくり話したり、小さな声で話すのが適切な部分もあります。すべての言葉を強く大きく話したからといって、その内容が伝わりやすいわけではありません。メリハリや強弱があって初めて抑揚が意味をなしてきます。

また、信頼を得たいとき、難しく面倒な事柄を伝えようとしているときに、変に感情的な抑揚の激しい話し方をされても戸惑ってしまいます。適材適所が重要です。

さらに、現状のスマートスピーカーの発話では、まだまだ場に適した感情を臨機応変に言葉に乗せるような抑揚がつけられるわけではありません。ですから、適切

な抑揚に期待した言葉遣いではなく、逆に「棒読み」でもそれなりに伝わる言葉や
言い回しで考えることも、現時点では有効な手段です。

　現在はまだ夢物語かもしれませんが、VUIが利用者の発話のトーン、抑揚を解
析し、それに応じた対応ができる日も近いでしょう。例えば、いつもより声のトー
ンが弾んでいたら、VUI側の対応も明るい親近感のあるくだけた会話にしたり、い
つもより声のトーンが沈んでいたら、励ますような言葉遣いや、以前、同様の声の
トーンのときに聞いていた音楽を流すといった、臨機応変な対応が可能かもしれま
せん。

　Amazon AlexaやGoogleアシスタントのようにSSML（音声合成マークアップ
言語）に対応しているプラットフォームであれば、人工音声の発話の抑揚をある程
度コントロールすることも可能です。例えば「emphasis」タグを使うと、タグで囲
まれた言葉は通常より大きな声で、かつゆっくりと聞き取りやすいように発声され
ます。またその度合いも、何段階かで調整できます。ただし、一語一語、すべて
の発話において抑揚をコントロールするのは作業量の多さから現実的ではありませ
ん。特に強調したい単語、伝えたい言葉に限って「emphasis」タグを利用するな
ど、限定的な使用で効果を上げるのが得策だと考えられます。

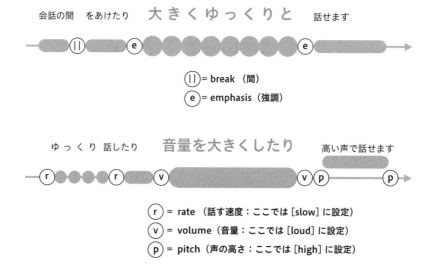

SSML（音声マークアップ言語）による抑揚等の調整

092

音声ファイル、声優音声への差し替え

　スマートスピーカーの合成音声は、あらかじめ録音しておいた音声ファイルに差し替えることも可能です。声優やタレント、専門家に話してもらった音声ファイルに差し替えることで、生き生きとした会話と、特別感のあるサービスになります。これは声の印象が行き渡っているアニメ作品など、既存キャラクターが登場するサービスの場合は特に有効です。

　その一方、会話のパターンを多数用意しなければいけない、何でも自由に会話できるわけではなく、収録済の会話パターンの範囲でしか会話できなくなるといった課題も生じます。また録音条件の良い専門スタジオや、遮音ブースなどで収録しなければいけません。さらに通常は人の声を収録した音声ファイルを再生し、収録されていないそのほかの言葉を音声合成に頼ると、今まで滑らかに話していたのに急に素に戻る、つまりは急に音声合成に戻るため、聞いている人はその落差にとてもびっくりします。

　短い発話であれば、音声合成の発話に違和感があったとしても、それほど気にならない人が多いようです。その一方、長い発話であればあるほど、どんなに人工音声が滑らかで人間に近かったとしても、そのわずかな違和感に人は感づき、人間の声のほうが良いと思われてしまうものです。

　人工音声のピッチ（声の高さ）を調整して、甲高い声、子供のような声を表現するのも1つの手法ですが、まだまだ違和感のほうが先に来てしまいます。スマートスピーカーのプラットフォーム側でも有名な声優や俳優の声を取り込み、標準の声として利用できるようになりつつあります。まずは英語サービスからの展開となっており、今後、日本語の声の充実が期待されます。

　音声の収録の際に注意すべきポイントは次のとおりです。

- 文字で書くと多くのセリフや言葉が簡単に話せるように感じてしまいますが、実際には1分で300文字ほどしか話せません。それ以上になると、早口で落ち着きのない話し方と感じられてしまいます

- 収録には思った以上に時間がかかります。目で見てわかるアイコンデザインのようなものであれば、複数の対象を一気に見渡して良いものをチョイスすることができますが、音声データの場合、どれが良いのか聴き比べるためには、1つひとつ全部聴かなければいけません。音声データを確認したり、比較検討したりするための再生時間が必要になります

- 話すことに関する素人が必死で時間をかけて収録するのもありですが、プロの声優、アナウンサーなど、話すことを学んで鍛錬してきた方に必要な対価を支払ってお願いするのが、結局のところ時間がかからず、品質の高い音声データにつながります。人気声優への報酬は高額ですが、必ずしも人気声優でなくとも、ブランドやサービスに合った声質の人が見つかればよいわけです。向き不向き、得意不得意も考慮します

- 音声ファイルの音量に注意してください。収録の際に音声が割れたりしないよう注意するだけでなく、音声ファイルの再生レベルにも気を配る必要があり、最終的には実機での確認が欠かせないと考えます。また、48kbps、96kbps などの音質をどの程度に設定するのか、ファイルフォーマットを何にするのかにも気を配りましょう

　Amazon Alexa では 1 つにつきトータル 240 秒 (少し前までは 90 秒まで)、Google アシスタントではトータル 240 秒 (少し前までは 120 秒まで) の音声ファイルが利用できます。注意点としては、音声データの長さ、音質にかかわらずファイル容量の上限があること、1 回の会話で使える音声ファイルの数に制限があることです。

　音声ではなく一般的な効果音であれば、プラットフォーム側が用意したサウンドサンプルを使うのも便利な方法です。

- **Google Assistant Sound Library**

    https://developers.google.com/assistant/tools/sound-library/

- **Alexa Skills Kit サウンドライブラリ**

    https://developer.amazon.com/ja-JP/docs/alexa/custom-skills/ask-soundlibrary.html

通常の音声発話の間に、収録した音声ファイルを利用する例

093

注意力が削がれるスマートスピーカー・ディストラクション

テレビが映るカーナビがありますが、運転中、車の走行中に見ることはできません。また車の運転中に携帯電話を操作して会話することも禁じられています。もちろん安全のためであり、これらは「ドライバー・ディストラクション」（ディストラクションは「破壊」「気を散らすこと」）と呼ばれる運転手の注意力を削ぐ要因になることが明確だからです。これは視覚だけの問題ではありません。音声についてもドライバー・ディストラクションが存在すると考えられます。

何か気になるものが視線に入ってくると、運転中に見るべき方向ではないものを見てしまう、いわゆる脇見運転となってしまいますが、これと同じような音声の脇聞という状態を想像してみてください。例えば、運転中に同乗者から複雑な話題を話しかけられたり、好きな音楽が流れたりすると、運転に対する集中力や注意力が削がれ、耳から聞こえる音や内容に意識が集中してしまうことがあります。集中力が削がれる度合いは、経験や頻度、周囲の状況などによっても異なりますが、どん

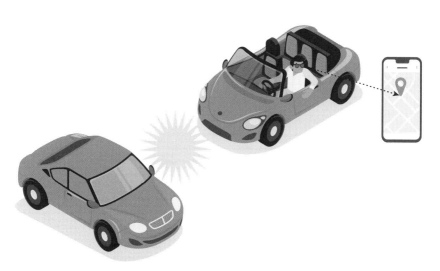

車の運転時、スマートフォンの地図に視線が奪われると事故の危険が高まる

な人でも多少なりとは起こる現象です。また周辺環境だけでなく、心配事や体調、作業の切り替わりの頻度などによってもその度合いが左右されます。

　スマートスピーカーについても「スマートスピーカー・ディストラクション」とも言える現象が考えられます。状況としては次のような場合です。

- 何かの要因で、スマートスピーカー以外の音に気が取られてしまう場合。画面搭載のスマートスピーカーの場合、画面以外のものに目を向けてしまうのも同様の課題です
- 何か回答しよう、話そうと考えている際に、思考が行き来したりほかのことを考えたりして、言うべきことを忘れてしまう場合
- スマートスピーカーと会話しているときに近くにいる人に話しかけられてしまい、そちらに意識がもっていかれた場合
- スマートスピーカー側の発話が長かったり選択肢が多かったりして、聞いている途中に内容を忘れてしまい、次の会話を続けることができなくなる場合
- 騒音など周囲からの阻害要因によって、通常よりも反応速度が遅くなったり、正しい言葉遣いにならない場合

　これらに対処するにはどうしたらよいでしょう？　次の点に配慮することで、ある程度、阻害要因による影響が軽減されると考えられます。

- 利用者が聞き逃した際に、もう一度問いかけてもらえる仕組みを用意します。逆に、利用者が回答に詰まっていそうな場合は、もう一度同じことを尋ねるようにします
- 覚えておかなければいけない会話や選択肢を極力減らします。例えば、詳細な選択肢を列挙した後で、最後にもう1回、大まかな選択肢を提示するなどの工夫が考えられます
- 利用者が戸惑ったり、考えたりする「間」や、悩む時間のことを考慮しておきます。反応速度には個人差があることを留意しておきます
- 利用者側が反応したり、発話したり、回答したりしなければいけない場合は、明確にそのことを伝えます。会話の例を示すのもよいでしょう

094

耳で聞いて理解しやすい言葉を使う

　文章に書いて読みやすい言葉と、音声で聞いて理解しやすい言葉は少し異なります。

　「018　文字で書いたらどうなるか？ ではなく、人間なら何と言うか？」でも触れたように、熟練したアナウンサーは、原稿に「約10万円」と書かれていた場合、そのまま「やくじゅうまんえん」と読まずに「およそじゅうまんえん」と言い換えます。着目すべきは、「約」をほぼ同じ意味の「およそ」に言い換えることです。その理由は、文字で書かれた文章を見ただけでは気づきにくいですが、「約（やく）」と「百（ひゃく）」は聞き間違えやすく、「百十万円」なのか「約十万円」なのか、ぼんやり聞いていただけではわからなくなり、聞いた人が自分の都合のよい解釈をしてしまう可能性があるからです。ほかにも1時（いちじ）と7時（しちじ）、B（ビー）とD（ディー）などもよくある聞き取りにくい例です。

　こういった聞き間違いは、子音が聞き取りづらく、ほかの言葉として認識してしまうという現象です。例えば「拍手（はくしゅ）」の「は（ha）」の子音部分（h）が消えてしまうと、「あくしゅ」と聞こえ「握手」となってしまいます。また、逆に「握手」と言ったつもりが「拍手」と誤認識されてしまう場合もあります。前後の文脈から明確に握手なのか拍手なのかわかりにくい場合は、違う言葉で言い換えたほうがよいでしょう。

　また、聴きやすい、理解しやすい文章は、装飾語が装飾される言葉の近くにあるというのもポイントです。もちろん1つの文章が短く簡潔であることも重要です。

　聞いて理解しやすい言葉という観点から考えると、下記のポイントに注意する必要があります。

- 同音異義語がなく、ほかの言葉と聞き間違えられる可能性が低いものを選びます
- 同じ意味、ほぼ同等の意味の言葉であれば、より聞き間違えられにくい言葉、一般的によく使われる言葉を選択します

- 対象となる利用者の年代などを考えた上で、使う言葉を選びます。高齢者にとってわかりにくい言葉は比較的想像がつくので避けやすいですが、逆に若者には通じない古い名称や古い言葉遣いもあります
- 文章で書くときだけに使う、いわゆる書き言葉を使っていないか確認しておきます
  - 例：乖離_{かいり}。「差が大きい」「違いが大きい」「かけ離れている」等で言い換えられます
- 聞きなれないカタカナ用語も間違われる可能性が高くなります
  - 例：「ケアする」→「ケガする」
- 結論や重要な部分を先に話してしまうとよいでしょう
- 複数の解釈ができるような曖昧な表現を避け、具体的に言い切ります
- 安易に略語を使わないようにします。略語は開いて、正式な言葉を使います
- 「これ」「それ」「あれ」「どれ」などの指示語を避けます。文書とは異なり、話す場合は実際に示すものを何度も重複して言ってもかまいません

COLUMN　VUI/VUXのヒントになるお薦め書籍　その⑭

- **『もっと誰からも「気がきく」と言われる46の習慣』**

  能町 光香 著，クロスメディア・パブリッシング，2019

企業に勤める一流秘書の立ち振る舞い、工夫について書かれた書籍です。「VUIデザインにお薦めの書籍としてなぜ秘書の本？」と思われるかもしれません。しかし本書からは、VUIの立ち振る舞いについてのヒントを数多く読み取ることができます。

「気がきく人はなぜ気がきくのか」「相手の考えを読み取り理解し、必要な事柄を先読みするにはどうすればよいのか」「余計なことをせず、相手の感謝と信頼を得るにはどうしたらよいのか」といった内容が、46の秘書の習慣とともに詳しく解説されています。

「相手が欲していないものを押し付けない」「言葉に行動を加える」「他人と対等に接する」「ネガティブな事柄の伝え方」「相手への適度な心の開き方」「失敗を恐れない方法」などについて、一流秘書に必要なスキルとして記述されていますが、これらの1つひとつを「VUIデザインだったらどう生かせるだろう？」と考えることで、より深みをもったVUIが実現できます。

095

身近な誰かに声だけで何かをお願いするつもりになるというプラクティス

　VUIの会話を考える際、身近な誰かに「声だけで」何かをお願いするつもりで会話を考えると、良い会話を導ける場合があります。親しい人同士であれば、ある程度コンテキスト（状況、環境）を共有しており、ゼロから細かい説明がいらないからです。またそれとは逆に、初対面の人の場合、状況や周辺環境、背景を含めて丁寧にお願いするといったことも考えられます。

　機械を相手に会話しているとコマンド的で命令口調の会話設計になりがちです。相手も人間だと考えると、スムーズな会話と伝えなければいけない事柄が明確に洗い出されてきます。機械が相手だと、言っていることが伝わらないとイライラするかもしれませんが、相手が親しい人であれば、何とか伝えようとし、言い直したり言い換えたりするはずです。

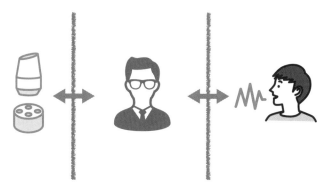

機械に対して会話するという考えではなく、人を介在してお願いする気持ちで考える

誰か人間を想定して会話するときのポイントを考えてみます。

- 自分の知っていること、知っている状況、知っている言葉を、相手も知っている、理解しているとは限りません

- お願いごとそのものだけでは意図が伝わらず、その背景や理由、どういったことがあってそのお願いがあるのかを伝えないとわかってもらえないときがあります
- 具体例や、安易な例え話は本質を見失い、かえってわかりにくくなる場合があります
- 専門用語や特定のコミュニティでのみ使われるような特殊な言葉や言い回しは避けます
- 人によって解釈や受け取り方が異なる言葉を避けます
    - 例：「おおよそ」「だいたい」「たぶん」などは、人によってその確度の割合が異なります
- VUIの場合、正しく伝わっているかいないかを、顔や振る舞いで判断するのは困難です
- 話の構造、話す順を考えて伝える必要があります。思い浮かんだことを思い浮かんだ順に言っても、なかなか伝わりづらいものです
- 大切なことは繰り返します。曖昧な言葉を使いません
- 1つの文章にお願いごと、伝えたいことは1つだけ込めます
- 「いつ」「どこで」「誰が」「何を」「なぜ」「どうやって」といった5W1Hの必要な要素を、当然知っていることとして省略しないようにします
- 事実と自分の考えを分けて伝えます
- ポイントとなる言葉、数字や固有名詞をはっきりと強調して伝えます
- 書き言葉と話し言葉をうまく使い分けます

　逆にVUI側は、人が話しきれなかった要素、伝えきれなかった要素を補完したり、質問によってその足りない要素を補ったりする必要があります。また、VUIでは、決まりきっていると思われる事柄も確認したほうがよい場合や、足りないと思われる要素を勝手に解釈して先に進めないほうがよい場合があります。しつこいと思われるくらい質問してはっきりさせるのか、当然と思われることは確認しないで先に進めるのかは、サービスの種類や信頼度の設計にもよります。VUIの場合、通常の人と人のお願いごとよりも、少ししつこいと思われるくらい確認するのが確実だと考えられます。

正常系と異常系で考えるべきポイント

VUIの会話設計では、「064　表計算ソフトを使ったVUI台本作成方法」でも触れたように、初めに「正常系」と呼ばれるうまくいく例、流れ、会話から考えます。しかし、その「うまく」いく想定の会話に収まる事象には限りがあり、会話全体の1、2割にしかすぎません。実際の会話では、最初に想定した以上のさまざまな言い回しと、伝わらなさ、わからなさに対峙していかなければいけません。画面上での操作、つまりGUIであれば、通常の操作とエラー操作の割合はエラーが多くても3：7ぐらいの印象ですが、VUIの場合は1：9あるいはもっと「正常系」が少ないくらい、うまくいかないパターンのほうが多いことでしょう。

また、正常系、異常系のほかにも、あらかじめ想定している正常系以外の動作がどう行われるのか確認する「準正常系」、通常は起こらない想定外のときはどういうことが起こるのかを確認する「例外系」などの分類を設ける場合もあります。これらの定義や範囲は、プロジェクトによっても人や慣習によっても異なるため、安易に言葉でひとくくりにせず明確にしておく必要があります。

すべての事象を最初から洗い出し、すべての未知の条件をテストすることは難しいため、運用しながら改善していくという考えもあります。つまりは完成時にもう何もすることがなくなるわけではなく、常に改善と進化を前提としたプロジェクト進行を考えておくのです。

「うまくいかない」という経験は、ユーザーの体験に負の印象を残します。全体を通してうまくいったとしても、どこかで一度うまくいかないと、その嫌な気持ちが残ってしまい、次回も使うことをためらったり、二度と使わなくなったりします。また、多少ともうまくいった体験が記憶にあると、そのうまくいった内容しか繰り返さず、新しい機能や体験を得ようと挑戦する気持ちが薄れてくるかもしれません。

正常系で考えるべきポイントは次のとおりです。

- うまくいく流れ、ストーリーをいくつか用意しておき、それらが想定どおりにいくのかを試します
- 最初の設計、会話のデザインで想定している流れを、網羅的に抜け漏れがないように確かめます
- 想定どおりの会話のやりとりなのか、想定どおりにならない場合はどうあるべきだったのかを確かめます

正常系はサービスとしてまず第一に考える流れなので、考えやすくはありますがそれだけでは不十分です。正常系を細かく考えながら、正常ではない場合を洗い出していきます。

一方、正常系以外、主に異常系全般で考えるべきポイントは次のとおりです。

- 設計側、会話のデザイン側が想定もしていないような言葉が突然発せられた場合、VUI 側はどういった言葉を返すでしょうか？ ユーザーが発話した言葉の意味は正しく解釈できているかを確かめます
- 正しい回答をしたつもりでも VUI 側に正しく聞き取ってもらえない場合を想定し、試してみます。例えば、モゴモゴ答えたり、言葉を間違ってしまった場合にどうなるかを確かめておきます
- 「YES ／ NO」「はい／いいえ」など選択肢で答える質問に、想定される範囲外の言葉で答えてしまった場合を考えておきます
- 言葉としては正しいが VUI 側が認識できないような言葉、言い回しがないか確かめます
- VUI 側に対する返答のパターン、選択肢、流れにおいて、それぞれうまくいかなかった場合にどのように会話を終えるのか、落とし所を確かめておきます
- 人間側が会話に詰まってしまい、「間」が空いたり無音状態が続いてしまったりしたとき、VUI 側がどう振る舞うのかを確かめておきます

うまくいかない異常系の場合を考え始めるとキリがありませんが、そういった異常と思える事象がどれくらいの頻度、どれくらいの回数、どれぐらいの利用者にとって発生するのかを考えながら進めるとよいでしょう。滅多に起こらない特異な事象への対応に時間を取られるよりも、よく起こりがちな不具合に対処していくほうが有意義だと考えられます。

● 正常系

ウェイクワード

初めのあいさつ

お願い・指示

適切な回答

追加の指示

適切な回答

終了指示

正常終了

● 異常系

ウェイクワード

初めのあいさつ

想定外の内容

不適切な回答 → 対応策を検討

聞き取れない話

不適切な回答 → 対応策を検討

範囲外の選択肢

不適切な終了 → 対応策を検討

● 準正常系

ウェイクワード

初めのあいさつ

不適切な内容

あらかじめ用意した
不適切な内容への対応

適切な会話

正常終了

● 例外系

ウェイクワード

初めのあいさつ

想定外の内容

目的を達せられないが
適切な対応

会話の終了を示唆

正常終了

正常系、異常系、準正常系、例外系の対話の流れ

背中合わせのテストが生み出す
スムーズな会話

「003　言葉だけでは実は7%しか伝わらない。ならばVUIではどうするか」で紹介したメラビアンの法則が示すように、「言葉」だけで伝えることができるのは一部です。VUIやスマートスピーカーのテストの際には、そのことを強く意識する必要があります。一番手軽な方法としては、2人が集まり、1人はスマートスピーカーのVUI役、1人は利用者（人間）の役を担当し、お互い背中合わせで、顔や身ぶり手ぶりが全く見えない状態で会話のみでテストをします。また傍観者、テストそのものには参加しないが見ているだけの人や、記録担当の人がいる場合も、話す人の顔が見えないよう壁やカーテンで仕切ったり、違う方向を向くように工夫したりして参加します。

背中合わせで会話のテストをすると、普段どれだけ人の顔を見て、表情や身ぶり手ぶりから情報を得ているのかを実感します。耳で聞く言葉だけで会話を進める場合、いやが応でも聴覚情報だけに頼ることになります。

背中合わせで会話した場合、普段はあまり意識していない次のような状況が起こります。

- 聞き取れなかったり、聞き間違って違う言葉だと誤認識したりする場合があります
- 会話が長すぎたり、複雑すぎたりして、会話の内容を覚えておくことができず、返答に戸惑う場合があります
- 知らない言葉、わからない言葉にうまく反応できず、聞き流してしまうことがあります
- 言葉に込められた感情や意図を、声のトーンや語調のみから想像しなければいけません
- 相手の話が終わるタイミング、自分が話し始めてよいタイミングを捉えづらく感じます

これらを踏まえて、背中合わせでテストする際の流れを紹介します。

1 会話のテストに用いるシナリオ、ストーリーは、印刷物やタブレット端末などに入れてすぐに参照できるようにし、それぞれのシナリオ、ストーリーには番号を振っておきます

2 最初に、VUI担当の人、ユーザー（人間）担当の人が自己紹介します。VUI側の人はそのブランドの立ち位置やVUIのペルソナ、ユーザー側の人は人物像（ペルソナ）や周囲の環境などを説明します

3 実際のVUIと人との会話を始めます。まずは、スムーズにそのサービスに入っていけるか？ 最初から何か戸惑いがないか？ 最初から話しすぎていないか？ などをチェックします

4 VUI側と人間側が順繰りに会話を進めていきます。会話で使っている言葉が自然なものか。無理に何か喋らせようとしたり、無理に喋ろうとしていないか？ VUI側と人間側が適切に順序よく会話のキャッチボールを進めているか、VUI側はブランドイメージにあった会話をしているか？ などをチェックします

5 ひととおりの会話が完了したら、また最初から、少し違った言い方、違った言葉の選択をしながら、再び会話を続けます

6 話している最中に気づいたことがあれば、VUI側の人、ユーザー担当の人、傍観者とも、ポスト・イットやノートに、時系列に従ってメモしていきます

7 うまくいかなかった場合、会話が続かず、VUI側かユーザー側が止まってしまった場合は、いったんその流れを中止して、何と言えばうまく続いたのかを議論し、会話が続けられるよう、言い直して続行します。もちろん言い直した会話はメモしておきます。

上記の流れを何度も繰り返すと、VUI側の設計や会話のデザインが徐々にこなれていき、スムーズな会話ができるようになるでしょう。最初のうちは遠慮がちな会話でもかまいませんが、だんだんスムーズになっていくにつれて、ユーザー側の人は、意地悪な発言や突拍子もない発言を投げかけて、VUI側がどう対処するのかを見ていくことをお勧めします。このテストでは、設計どおり、会話デザインどおりでなく、アドリブで新しい会話、適切な会話をどんどん生み出していくのがよいでしょう。

スマートスピーカー役
VUI担当

人間役
ユーザー担当

2人の人物が背中合わせで発話する。片方はVUI（スマートスピーカー）担当、片方はユーザー（人間）担当

COLUMN　VUI/VUXのヒントになるお薦め書籍　その⑮

● **『伝わっているか?』**

　　小西 利行 著，宣伝会議，2014

　広告業界のコピーライティングにおいて、「相手に伝えたい事柄が伝わっているのか？」という視点から役立つ手法が10話紹介されています。

　同じ事柄であっても少し言い方を変えるだけで、相手に的確に伝わり、行動を喚起できることがあります。うまく伝えるための言葉、考え方、心構えや、意外と簡単な方法でうまく伝えられた例、また逆に、ちょっとした言葉選びの失敗でうまく伝わらなかった例などが紹介されています。また、普段の会話ではあまり意識されにくい「会話における特別感の出し方」「共感してもらえる会話」「会話におけるストーリー性の作り方」「新しい言葉の作り方」「言葉の組み合わせ方」などについても取り上げられています。

　著者は言葉を選ぶ前に会話全体の設計図を作ることを推奨しており、どういった会話を組み立てたいのかを考えた上で適切な言葉を選び、会話として成立するように整えることで、いきなり完璧な会話を考え出そうとするより、適切な言葉が選べるそうです。

　VUIデザインにおいてもこの手法は有益です。いきなり具体的な言い回しなどで悩むよりも、全体像から考え始めるとよりよい会話が設計できそうです。

第11章

毎日使うサービスにするため、
ハマるための工夫

スマートスピーカーのユーザー動向

　従来、新しいデジタルデバイスというと、一部の新しいもの好きの人の偏った趣味のように思われてきましたが、スマートスピーカーはテレビCMや家電量販店での展開もあり、ごくごく普通の一般家庭にもある程度、浸透してきました。その結果、スマートスピーカーで利用できるサービスも、実用一辺倒ではないゲームや娯楽、美容コンテンツなども増え、キッチンやベッドルームでの利用などを想定した生活に密着した多様なサービスが生み出されています。

　VUI、チャットボットを専業とする米国の企業voicebot.ai社の2018年の調査によると、スマートスピーカー購入者、利用者の57.8%が男性、42.2%が女性となっています。また同じくvoicebot.ai社の2020年の調査では、米国では成人の54%がスマートスピーカーをもっており、1日に1回以上使うユーザーがそのうち24%ということです。1日に1回というと少ないように感じますが、スマートフォンとは異なり、1日に1回以上の利用は十分ヘビーユーザーだと言えるそうです。こういった数字からもスマートスピーカーが一般に広く浸透してきていることが確認できます。ちなみに、2020年におけるシェアは、Amazon Alexaが53%、Googleアシスタントが30.9%、Apple Siriが2.8%で、以前と比べてじわじわとGoogleがシェアを伸ばしてきています。日本でも、2019年時点で398万世帯がスマートスピーカーを保有しており、今後、急激に普及していく見込みだそうです。

　スマートスピーカーの設置場所の半数ほどはリビングですが、キッチン、ベッドルーム、バスルーム、車庫などに2台目のスマートスピーカーを設置する家庭も増えてきました。スマートスピーカーの主目的を考えると、オフィス空間での利用はごくわずかですが、今後ホームオフィス、在宅勤務が広がることを考えると、ビジネス用途の利用も少しずつ増えていくことが予想されます。キッチンでは料理レシピの表示やタイマーの利用、ベッドルームでは音声コンテンツや音楽の再生、アラームの利用、照明のコントロールなど、生活を便利で豊かにする方向で使われています。カメラ付きの機種に向けて、ファッション指南を提供するサービスなども

あります。アパレルブランドもスマートスピーカー向けのサービスを提供するようになってきました。

　もともと、機能本位の無骨な見た目ではない、部屋のインテリアに溶け込むようデザインされている製品が多いですが、さらにオーディオメーカーなどのサードパーティ製のAmazon Alexa搭載スピーカー、Googleアシスタント搭載スピーカーなどがリリースされており、メガネ型のスマートスピーカーも話題です。今後もさまざまなブランドからスマートスピーカーが登場することが期待されます。

オシャレな環境にマッチするスマートスピーカーも増えている

「U.S. Smart Speaker Consumer Adoption Report 2019」
　https://voicebot.ai/smart-speaker-consumer-adoption-report-2019/
「IT ナビゲーター 2020 版」
　https://www.nri.com/-/media/Corporate/jp/Files/PDF/knowledge/report/cc/
　mediaforum/2019/forum285.pdf

VUIと家電コントロール

音声インターフェースの活躍の場として注目されている領域の1つに、家電製品の音声コントロールがあります。もちろん家電製品そのものが音声リモコンで操作できるものもありますし、スマートスピーカーと組み合わせて利用することで音声コントロールが可能になる製品もあります。

スマートスピーカーをもっている人の約半数は、何らかのスマートホーム機器をもっていると言われています。利用率が高いものから順に、スマートテレビ、照明機器、マルチリモコン、空調機器、玄関ベル、セキュリティカメラ（ペット用カメラ含む）、そしてそのほかのスマート家電です。

さまざまなスマートホーム機器が混在した場合、操作方法が統一されていないなど、まだまだ課題はありますが、一度便利さを享受してしまうと元には戻れないとも言われています。従来型の家電が音声認識に対応したり、音声を発したり、スマートスピーカー対応の機能をもったりするほかに、新たな領域も広がってきています。

例えば、カーテンを開け閉めする機器を追加して、今まで「手」で行っていたことを自動化する流れも始まっています。スマートスピーカー対応の扇風機なども存在します。そのままではスマートスピーカーに対応していない機器でも、コンセントのON／OFFをコントロールする機器や多目的リモコンを利用することで、スマートスピーカーで操作できるようになります。水道の蛇口やベッドのマットレスなど、従来スマートホームとは無縁だと思われていたようなものも音声インターフェースに対応し始めています。さらには、音声で指示すると、単にボタンを押してくれるだけの装置も登場し、これを使えば今まで人間が指で押していたさまざまな操作を代替することができます。

音声で家電製品や家の中のさまざまな機器を便利にコントロールするには、下記の点を考えておく必要があります。

- 何をどう操作すればよいでしょうか？
- 従来リモコンで行っていたことのうち、どの程度を音声で操作するのでしょうか？

- 現在の状態はどうなっているのでしょうか？（エアコンの場合、室温を知るなど）
- 操作を間違った場合は、どうやってやり直せばよいでしょうか？
- 間違った場合にも、最悪の事態を回避するにはどうすればよいでしょうか？
- リモコンや手で操作していたときに比べ、手間、手数が多くなることはないでしょうか？

また、単に機器を操作するインターフェースというだけでなく、音声を活用することで、もう一歩踏み込んだ指示、操作が実現できるようになります。

- 夜、家に帰って「ただいま」と言うと、家の照明がつく
- 朝、家から出発するときに「いってきます」と言うと、照明を消し戸締りを確認する
- 「室温を2度下げて」「26度に設定」などの具体的な指示ではなく、「もっと涼しく」といった曖昧な指示を処理できる

人間同士の会話の場合、例えば「寒い！」と言った場合、その真意は「寒いから、エアコンを止めて！」または「もっと温度設定を上げて！」などの場合があります。「暗いな〜」の真意は「そろそろ暗くなってきたから天井のシーリングライトをつけて明るくして」であり、一見逆の言葉を発している可能性もあります。これらは人としては素直な発言であり、わざわざ相手の機械がどう解釈するのか、機械のことを配慮して話すわけではないのが難しい点です。これらについては「016　言葉がもつ直接の意味、間接的な意味と省略される言葉」も参照してみてください。

スマートスピーカーをハブとして、家中の家電を操作する

スマートスピーカーによる通話や
メッセージ送信の活用

　スマートスピーカーの意外で便利な機能の1つとして、通話やビデオ電話機能、スマートフォン宛てにメッセージを送信する機能があります。こうしたメッセージ機能は単独で利用するだけでなく、VUIサービスの一部として組み入れるのも効果的です。

　標準的なメッセージ利用例としては、次のようなものがあります。

- メールやメッセンジャー宛てのメッセージを声で指示し、音声認識を活用して文章を送る
- 自分や家族へのメモや伝言を声で残す
- スマートスピーカーが設置されたほかの部屋のスマートスピーカーにメッセージを送る
- ブロードキャストと呼ばれる機能で、設置されているすべてのスマートスピーカーに一斉に音声を送る（例えば「ご飯できたよー」「朝だよ起きて！」など）
- 外出先でスマートフォンに入力したメッセージを、家のスマートスピーカーで再生する

　これらの操作が声だけで可能なこと、受け手側もスマートフォンなどの操作不要で聴くだけでよいこと、画面付きのスマートスピーカー端末であれば、目でも確認できることなどから、スマートフォンとはまた違ったコミュニケーションが可能になります。

　また、機種によっては、スマートスピーカー同士、スマートスピーカーとスマートフォンで、通話やビデオ電話も可能です。スマートフォンをもっていない子供やデジタルデバイスの使い方に戸惑う高齢者でも、言葉だけで操作して相手と通話できるのが便利な点です。通話可能な相手を設定により限定することで、子供のいたずらなどで勝手に電話がかかってしまう状況を回避することもできます。

　画面付きスマートスピーカーによるビデオ通話は、インターネット回線を利用

していることもあり、話す時間で通話料金が増減することもありません。したがっ
て、要件だけ伝えてすぐに通話を切るといった一般的な電話のような使い方ではな
く、特に会話はなくともずっとつなぎっぱなしにして環境を共有するといったゆる
い使い方も可能です。また、遠く離れた場所でなくても家の中に複数台のスマート
スピーカーがあれば、内線電話のように利用できます。Amazon Alexa には「よび
かけ」という機能があり、別のスマートスピーカーに話かけることができます。

　さらに画面とカメラが搭載されている機種では、ルームカメラ、ペット監視用
カメラとして活用するなど、単なるスマートスピーカー以上の使い方が考えられま
す。

スマートスピーカーとタブレットによるビデオ通話

デバイス、アプリ、スキル同士の連携への期待

　家の各部屋に複数のスマートスピーカーが設置されている場合、スマートスピーカー同士が連携してより適切なサービスが提供されることが期待されます。例えば、目覚まし、伝言、音楽再生、リモコン機能などです。

　従来は、家庭内に1台しかスマートスピーカーがないことが多く、リビングルームに置かれていることがほとんどでした。現在は、複数台のスマートスピーカーが設置されている家庭も増え、リビング以上にキッチンやベッドルームでの利用も増えてきています。

　2台以上スマートスピーカーがあるときは、画面ありの機種と画面なしの機種とで使い分ける場合があります。キッチンでは画面ありの機種でレシピ動画を見ながらタイマーとして活用するなど、用途によって使い分けるわけです。

　スマートスピーカーに「マルチルーム機能」がある場合、複数台で連携し、同じ動作をさせることができます。複数台のスピーカーをグループ化し、一緒のスマートスピーカーとして扱うわけです。グループ化していない状態で設置場所が近接していると、「OK! Google」や「Alexa!」のウェイクワードで、2台が同時に反応してしまうこともあります。その場合、部屋の区分けを考えた上で名前を設定する必要があります。

　音源や音楽がステレオ素材であれば、2台以上のスマートスピーカーのペア機能を使って、臨場感のあるステレオ再生で聴くことができます（ただし、音の位相によって音が打ち消しあう視聴場所があるかもしれません）。設定したスピーカー名を指定すれば、違う部屋に置いてあるスピーカーにメッセージを送信したり、音楽を流したりすることもできます。

　家庭用テレビとスマートスピーカーが連携する場合、いくつかの工夫がなされています。例えば、いきなり大音量になるのを避けるため、音声で音量を上げる場合、何度か同じ操作が必要となることがあります。また、いつも使うテレビを音声で操作する際、機種や場所を長々と指定しなくてもよいように「ルーチン」と呼ば

れる機能を設定すると、一連の操作を平易で短い会話で行うことができます。注意点としては「ボイスマッチ」機能などで本人の声のみを登録設定している場合は、ほかの家族が声で操作できなくなるため、設定をどうするか考えておく必要があります。

　家電操作の場合は、音声インターフェースのみで完結するわけではなく、画面での操作や、家電が発する音などによるフィードバック、リモコンによる追加操作などと併用する場合もあります。

　また、設定としては「電気」だったとしても、実際の会話では「照明」「あかり」「ライト」、場合によっては「天井」「ピカ」など家庭によってさまざまな呼び方があり、操作の指示に関しても「オフにして」「消して」「切って」などさまざまな言い方が混在していると思われます。

　スマートフォンでは、複数のアプリが連携して動作するのは普通であり、例えば、写真アプリで撮影した写真を写真加工アプリで修正し、それをSNSアプリでアップロードするといった連携が行われています。今後はスマートスピーカーでも、そういったアプリ間の連携が期待されます。

複数の部屋のスマートスピーカーが連携して動作

スマートスピーカーに
「おもんぱからせる」ことはできるか

　高齢者や子供が何か言葉足らずのお願いごとをしても、親や先生、身近な家族や介護者であれば、その場の状況を理解し、過去の経験にともなう知見で、その人の望みをかなえられることがあります。そういった「おもんぱかる」行為を、スマートスピーカーで実現ですることはできないでしょうか？「人に頼む」を「スマートスピーカーに頼む」という視点に切り替えるため、いくつかの切り口で事象を考えてみましょう。

◎ 頼みごとの仕方

　VUIでは相手のことを考えて丁寧にお願いできるのはまれで、たいていの場合ぞんざいな言い方だったり、必要な情報が足りない頼み方になりがちです。足りない情報は質問に答えてもらうことで補う必要があります。

◎ コンテキストの共有

　まるっきり新しいお願いごとというよりも、定常的に繰り返しているお願いごとを短い会話でお願いする場合が多くなります。「いつものお願い」などといった頼み方も、何度も同じ注文を繰り返している場合にのみ成立します。

◎ 独自の言葉遣い

　業界用語やIT用語、方言に加えて、その人、その家でしか使われないような特別な言葉遣いもあります。その言葉遣いを知っている人同士であれば、何の苦もなく周知の事柄も、その言葉に初めて出会う人（この場合はスマートスピーカー）にとっては謎でしかありません。

◎ 会話の省略

　例えばスマートスピーカーに向かって天気を聞くとき「今日の天気」とだけ言う

人が多く、「もしもし、今日の天気は何なのか、教えてもらえますか？」と丁寧に質問することはなかなかありません。また食卓での会話で「パパ、醤油」という言葉には「パパ、そこにある醤油をとってもらえますか？」という意味があることは明確ですが、文章としては成り立っていません。このように会話の場合、極限まで言葉が削られて使われる場合があります。

◎ 「これ」「あれ」「それ」といった指示語の活用

「そこのあれ」「これどうする？」など、相手に示しているものが見えている前提、または同一のものを指し示していることがわかっている前提で会話が進む場合もあります。また目の前になかったものだとしても「いつもの（あれ）」という「あれ」だったり、共通認識ができている場合に使えます。指示語を多用する場合は、その人同士の関係性が構築されている場合が多く、初対面の人同士では、そういった会話はもう少し言葉で補足されると考えられます。

◎ 「あうん」の呼吸

人と人の場合であれば、単語の省略よりもさらに進んだ段階で、言葉を発せずとも、表情や間合い、返答や反応がないことによる意思表示など、いわゆる「空気を読む」的なコミュニケーションがとられる場合があります。技術革新によってスマートスピーカーで顔の表情を読み取ったり、間合いを図ったりすることも近い将来可能だと思われますが、現在は「音声」が必要であり、会話させる、言葉を発するよう導く工夫が必要です。

◎ 人に何か頼むときのコツ

対人の場合は、相手が嫌な気持ちにならないよう適切なタイミングで丁寧に頼む、適切な言葉を使う、理由を説明する、命令口調にならないよう配慮するなどが考えられます。相手がスマートスピーカーの場合は、口調うんぬんよりも必要な情報をすべて簡潔に、間違った解釈がなされないよう、言葉を選ぶ必要があります。スマートスピーカーが気分でお願いごとを断ることはありませんが、正しく言葉を解釈できずに、お願いごとに対処できなくなってしまうと、人間にとっては断られたのと同じ残念さが待っています。

他サービスとの連携

スマートスピーカーのサービスでは、すべての機能を網羅的に提供するのではなく、他サービスとの連携によって、より多くの価値を手軽に生み出すという方法がしばしば考えられます。例えば、ニュースや天気予報、外部サービスからの情報を読み上げるだけでも、スマートフォンだけでは得られなかった情報への接し方が実現します。

何かサービスや情報があるときに、スマートフォンでの扱い方とスマートスピーカーでの扱い方は異なるので、スマートフォンとスマートスピーカーで同じようなサービス、同じような情報を提供する場合でも、うまく棲み分けて、それぞれに合った展開ができると考えられます。こうしたアプローチのメリットとして、次のようなことが挙げられます。

- スマホ画面で得られる情報を読まずとも音声で得られる
- 忙しく何かをしながら音声で情報を得られる
- 手が汚れていたり、作業中で手が使えない状況で、声で情報を得られる
- わざわざスマホを手にもち、ロックを解除し、アプリを立ち上げなくて済む
- 音楽系、音声系のサービスでは、もともとスマートスピーカーのほうが向いている
- スマホで操作するには面倒な事柄を、音声入力で代替できる
- いつもスマホで操作している事柄を、人にお願いするように音声でお願いできる
- スマホでは面倒でやらなかったことを、スマートスピーカーなら平易に利用できることがある
- テレビやラジオなどほかの情報源で得ていた情報を、スマートスピーカーで得られる
- 今までリモコン等を用いて操作していた家電製品を声で操作できる
- クイズやラジオ、音声コンテンツなど、今まで使わなかった、聞かなかったものを利用し始めるきっかけになる
- プライベートな情報を扱う、秘書やアシスタント的な役目として使用できる
- 電卓やメモ帳などの身の回りにある文房具をスマートスピーカーで代替できる

新しいサービスが生まれ、浸透する際、最初は既存のサービスやビジネスがそのまま焼き直されて同じように使えるだけの場合が見られます。けれども徐々にその環境ならではの新しい使い方が生まれてきます。

現在スマートスピーカーの用途として一般的なのは、次のようなものです。

- 質問、わからないことを聞く
- 音楽ストリーミングやラジオ、ポッドキャストを聴く
- 天気を聞く
- アラームやタイマーをセットする
- 気に入った独自のスキル／アクションを繰り返し使う
- ゲームやクイズを楽しむ
- 家電製品のコントロール
- 時事ニュースやスポーツニュースを聞く
- メッセージを送る、テレビ電話をする
- 料理のレシピ、作り方を聞く
- 家を出る前に渋滞情報を聞く
- オンラインカレンダーの予定を聞く、予定を入れる
- オンラインで何かを購入

上記はなるほど、という納得の使い方ですが、今後思いもしなかったような使い方、新しいスマートスピーカーの利用方法が登場することが大変期待されます。

スマートスピーカーを中心とした各サービスとの連携

同じ回答でも複数用意することで
親密さを伝える

　人間は曖昧な生き物で、同じような条件で同じような状況でも、必ずしも同じ会話、同じセリフを繰り返すとは限りません。毎朝のあいさつにしても、「おはようございます」だけのときもあれば、前日に何か出来事があれば、「昨日どうだった？」と話しかけるときもあるでしょう。

　毎回全く同じ会話が淡々と繰り返されることもあれば、時と場合、そのときの状況などによって会話が変化するのは、人と人の会話にはごく普通に起こることです。

　一般的には、いつも同じ会話で同じ返答があることによって安心感や信頼感を感じる一方、多少言葉や会話が揺らぐことによって人間味を帯びた印象を受けます。

　スマートスピーカーとの会話も同様で、毎回、同じ言葉で同じ返答をすることで得られる信頼感があるのに対し、同じ状況でも違う言葉で返答される言葉の揺らぎによって親密さが生まれます。同時に、ユーザーがスマートスピーカーに向かって話す言葉も、いつも一定ではなく次のような「揺らぎ」が生じるのです。

- 同じような意味をもついくつかの言葉を使い分ける場合
- 微妙な違いによって、言葉を使い分ける場合
- 周辺環境や状況の違いによって使い分ける場合
- 利用する言葉は同じでも、使う順番、話す順番が異なる場合
- 相手によって正式名と、略称、省略形を使い分ける場合
  - 例：「スマホ」と「スマートフォン」
- モノとしての名前と、行動としての名前
  - 例：「カレンダー」と「予定」
- 同じ意味を示す場合でも、書き言葉と話し言葉の違い

　特に言葉の順番が異なる場合は、それによって強調される言葉、重要視される言葉が変わってきます。

　スマートスピーカーが発話する場合の「揺らぎ」と音声認識する場合の「揺らぎ」は、ある程度、開発者が事前に設定しておかなければいけません。スマートスピーカーのプラットフォーム側が吸収できる言い換えもありますが、すべての事例に対応できるわけではありません。同音異義語辞典を用いるのも良い方法ですし、一緒に仕事している周りの人や（守秘義務が問題ないのであれば）家族や知人などに「あなたならどう言い換えるか？」を聞いて集めるのも、新たな気づきが得られる良い方法です。

　なお、数ある揺らぎのパターンの中でもよく登場するのは、自分に対する言葉と相手に対する言葉の言い換えです。例えば「明日の天気を教えて」「明日の天気は？」というのは相手にお願いする言い方、「明日の天気を知りたい」「明日の天気を聞きたい」というのは自分の欲求を相手に伝える言い方です。言い方は違えど、意図は同じであるため、双方の言い方を許容する配慮が必要です。

カレンダー・予定・明日・スケジュール・都合・空き時間・タスク
アポ・アポイントメント・時間・メモ・手帳・調整・会議・進捗
言葉は違うが同じことを指し示しているのかもしれない

1つの意味に対する複数の言葉

COLUMN　VUI/VUXに関する情報源●お薦めツール

- ana：チャットボットのフレームワーク。編集ツールやシミュレータ
  https://www.ana.chat/

- VOXTERITY：VUI Design Studio：VUIデザインのための専用ツール
  https://www.voxterity.com/

- lucidchart：チャート作成ツール
  https://www.lucidchart.com/pages/

- yworks：チャート作成ツール
  https://www.yworks.com/products/yed

- voiceflow：ノーコードでAlexaスキルを作成
  https://www.voiceflow.com/

- pulselabs：音声サービスの分析ツール
  https://www.pulselabs.ai/

- Adobe XD：音声ファイルを使ったプロトタイプを作ることができます。
  https://www.adobe.com/products/xd.html

- Botsociety：音声サービス専用、会話デザインツール
  https://botsociety.io/

- FLOW XO：ノーコーディングチャットボット開発ツール
  https://flowxo.com/

- VoiceX：スマートスピーカー の発話を模倣してテストできるツール
  https://anilkk.github.io/voicex/

- BOTMOCK：チャットボットのプロトタイプ作成ツール
  https://botmock.com/

- fabble：コーディング無しで音声サービスのプロトタイプを作成できる
  ツール
  https://fabble.io/

- vuix：コーディング無しでスマートスピーカー向けサービスが開発でき
  るツール
  https://vuix.io/

- Pulse Labs：音声サービス専用のユーザー分析ツール
  https://www.pulselabs.ai/

人に寄り添う「弱い AI」という
考え方、音声サービスの未来

穏やかなVUI

「アンビエント」という言葉は、「周囲の」「環境の」といった意味をもち、アンビエントミュージック、アンビエント照明などといった使い方がなされています。最近では、あまり利用者が意識せずとも使える、環境に溶け込む、静かに寄り添うコンピュータによるサービスという意味合いで「アンビエントコンピューティング」が取り上げられることがあります。利用者が特に意識せずともそこに存在し、利用者の役に立ってくれるのです。アンビエントコンピューティングには、ある環境に目立たず存在し、あまり存在感を主張せず、わざわざ面倒な操作などせずとも適切な作業を適切なタイミングで控えめに行ってくれるといった印象があります。

また、一般的な用語としては浸透していませんが「スローコンピューティング」という考えも登場しています。ファストフードに対して、環境に配慮し、健康を害さない多様性に富んだ地域の食物を扱うという概念である「スローフード」、急ぎすぎないゆったりとした生活、物質的購買に固執しない生活を示す「スローライフ」、これらと同じ意味で「スロー」を使ったコンピュータの活用イメージです。ここでの「スローコンピューティング」とは、時間に追われるような処理速度だけが目的ではなく、的確な動作を余裕をもって行うこと、コンピュータの扱いや操作そのものを楽しむこと、コンピュータ利用の質を高めること、などが考えられます。

さらに、「カーム (Calm) コンピューティング」という1970年代から存在する概念もあり、これは「穏やかな」コンピュータの利用を指します。そこで言われている要素には次のようなポイントがあります[注1]。

- 利用者の動作を妨げません
- 情報を静かに提供します
- すぐに元に戻れるようにします
- 人間らしさを拡張します

注1　https://calmtech.com/

- 伝えるために話す必要がありません
- 何かに失敗してもうまく動きつづけます
- 技術を浪費しません
- 社会規範を尊重します

　現代のスマートスピーカーもまさにCalm（穏やか）に使われてきています。Calmという考え方をスマートスピーカーに適用すると、どうなるでしょうか。

- 利用者の話を遮らないようにします
- 必要のないときに音声や音を出さないようにします
  　例：「アラームを止めて」の指示に対して無音になればよいだけです。特に返答は必要ありません
- GUIと異なり、VUIは1つ前の操作に戻ったり、キャンセルするのが難しく面倒なので、配慮が必要です
- 堅苦しい会話ではなく、自然な会話を設計します
- 何でもかんでも選択させ、発話させるようなことはせずに、利用者ができるだけ話さなくて済むようにします
  　例：前回と同じ設定を自動で適用するなど
- 会話がうまくいかなかったとしても、次の操作ができたり、きちんと終了できたりするようにします
- 新しい技術を使いたいがために、必要のない新しい機能を増やしたりはしません
- 道徳的に配慮した礼儀正しい言葉遣いであるよう配慮します。誰かを不快にしないよう心がけます

　スマートスピーカーが一般に浸透し始めた初期段階では上記のようなCalm（穏やか）な対応はなかなか難しいかもしれません。けれどもスマートスピーカーやVUIが人の生活に浸透し、寄り添う存在になればなるほど、目的を実現するだけの「強い」体験だけではなく、こういった「穏やかな」体験も求められてくるのだと考えられます。

※　参照　「Principles of Calm Technology」
https://calmtech.com/

ウェイクワードの存在

- OK, グーグル
- ねぇ、グーグル
- アレクサ
- コンピュータ
- ヘイ、Siri
- ねぇクローバ

など、VUIを使い始めるためには、「ウェイクワード」と呼ばれるスマートスピーカーを起こすためのきっかけとなるキーワードを発話する必要があります。

　人間であれば、自分に向かって話しかけられていることを視覚などでも感じ取ることができますが、スマートスピーカーの場合、音声、または直接本体をタッチするなどの操作をきっかけとするしかないためです。音声コントロールできる家電製品の中には、2回拍手したら音声認識がスタートするなど、日常生活からすると少し違和感のある操作が必要なものもありました。スマートスピーカーの場合、ウェイクワードだけでなく、本体のボタン操作などで起動できるものもあります。

　スマートスピーカーは、ウェイクワードで起動するために常時周囲の音声を認識しています。この状態ではスマートスピーカー単体で動作しており、何かの会話が許諾なくインターネットに送信されることはありません。ウェイクワードが認識されるとスマートスピーカーが起動します。そこからはインターネットへ音声が送信されて解析され、さまざまな会話や動作を行います。スマートスピーカーによって異なりますが、ウェイクワードの直後、または直前、数分の1秒から1.5秒ほど前後からの音声が転送されているようです。

　Amazon Alexaは、「アレクサ」という標準の掛け声以外にも、「コンピュータ」「アマゾン？」などとウェイクワードを切り替えることができますが、多くのスマートスピーカーの場合、基本的にウェイクワードを切り替えることはあまり行われません。

- **Google Nest スピーカー（旧 Google Home）**：「OK、グーグル」「ねえ、グーグル」「Hey Google」※言語設定を「英語」にした場合
- **Amazon Alexa**：「アレクサ」「アマゾン」「エコー」「コンピュータ[注1]」に切り替え可能
- **LINE Clova**：「クローバ」「ねぇクローバ」「クローバさん」「クローバちゃん」「ジェシカ」に切り替え可能

　また複数のスマートスピーカーでデモを行うような場合は、頻繁に話されるであろうウェイクワードを避け、別の言葉に設定しておくのも1つの工夫です。

　Siri の場合は、逆に利用者が呼んでほしい名前を登録しておくことができ、利用者に対し、名前やニックネームで呼びかけることができます。

　現在、連続した会話の場合、数秒後であれば毎回ウェイクワードを言わなくてもそのまま音声認識してくれる「会話継続モード」、「フォローアップモード」と呼ばれる機能も広まりつつあります。将来的には全くウェイクワードを言わなくともその場のコンテキストを理解して対応してくれるようになるかもしれませんが、現状では技術的な課題とプライバシーの問題があるため、当分、ウェイクワードが使われつづけると考えられます。

"The Great Library of Alexandria" by O. Von Corven. Public Domein.
(https://en.wikipedia.org/wiki/File:Ancientlibraryalex.jpg)
アレクサの名前の由来と言われる、世界中の書物を集めようとした今はなきアレクサンドリア図書館の想像図

　※　参照　「Alexa Features Help」
　　　https://www.amazon.com/gp/help/customer/display.html?nodeId=202201630

注1　SF ドラマとして人気の「スタートレック」の中では、宇宙船内のコンピュータに音声コマンドで話しかける際「コンピュータ！」と呼びかけるのが定番のシーンとなっており、その場面が思い出されます。

空気を読むコンテキストアウェアネス

「コンテキスト」とは状況、文脈、前後の関係、事情、背景を示す言葉です。「アウェアネス」とは意識、気づき、知ることといった意味をもちます。「コンテキストアウェアネス」となると、状況や文脈を認識できるといった意味で使われます。日本語で言うならば、「おもんばかる」「先読みする」「空気を読む」「状況を把握する」「おせっかい」などといった感覚で捉えられます。

VUIでも、使われている状況、スマートスピーカーが置かれている状況、環境を正しく知ること、そして利用者の状況を正しく把握することで、より適切な対応ができるようになります。コンテキストアウェアネスに配慮したスマートスピーカーサービスの例を見てみましょう。

- 電車の乗り換えを尋ねたときに、単に乗り換え方法と移動時間を教えてくれるだけでなく、場合によっては遅延情報も一緒に教えてくれる
- 電車の乗り換えを尋ねたときに、早朝や深夜であれば始発時間、終電時間も知らせてくれる
- 電車の乗り換えを尋ねたときに、これから雨が降ることを教えてくれる
- 電車の乗り換えを尋ねたときに、一緒に移動先にまつわる予定や情報を教えてくれる

コンテキストアウェアネスを実現するには、次のような方法が考えられます。

- そのときの状況を把握し、一般的に知りたいこと、やりたいことを付加して提供する
- ユーザーの行動を予測し、先回りして情報提供する
- ユーザーが普段している行動をもとに、的確に予測し、情報提供する
- ユーザーの状態を理解する（座っている、立っている、部屋のどこにいる、何をしている、急いでいる、ゆったりしているなど）

- 周囲の状況（機器、場所、位置、距離、近くにいる人、ネットから得られるデータ）による情報提供
- 周囲の機器やセンサーからの情報（温度、部屋の明るさ、騒音など）にもとづく情報提供

こういった考えの根底にあるのは、洞察、予測、推奨といった要素です。

人はいつも同じことをするとは限らず、気分によって異なるものを求めていることがあります。また、自分のために答えを求めているのではなく、誰かほかの人の代わりに尋ねているかもしれません。そういった状況であっても、人間同士であれば、状況や経験、ときにはその人の口調や表情をもとに適切な対応ができます。

例えば「とても悲しいので何か音楽を流して」という要求には、普段その人が好んで聞いている気分が明るくなるようなポジティブな音楽をかけるほうがよい場合と、その人の悲しさに寄り添って、普段はあまり聴かない静かな音楽を流したほうがよい場合もあります。完璧にコンテキストを読み取り、理解して対応することは難しいかもしれませんが、コンテキストアウェアネスについて考えることで、より良いサービスになることでしょう。

洞察　　　　　予測

推奨

コンテキストの洞察、予測、推奨

コンテキストの継続と破棄

人間同士の会話であれば、そのときの状況や条件が継続しているのか、それとも今までの会話や前提はいったん終了し、新しい話題に移ったのかを把握することができます。親しい友人同士や家族であれば、数年前の会話や記憶からそれについて会話をすることも可能ですし、触れてほしくない話題を避けて会話することも可能です。

スマートスピーカーの場合、そういった暗黙の状況や空気を的確に読むとることが難しい傾向にあります。そのため、何か条件、状況、環境を保持してサービスを提供している場合、そのコンテキストを「破棄」するきっかけや方法を用意しておく必要があります。コンテキストの継続と破棄について次のような要素が考えられます。

- いったん声を登録すると、個人を聞き分けて対応
  これはリセットしたり再登録しない限り常時継続される情報です。風邪などで声が変わる可能性もあります
- プライバシーをサービスに対して開示するかしないかの選択
  開示する情報の範囲によって受けられるサービスの度合いが異なる場合も考えられます
- 家の住所や、名前、生年月日など、一度登録すると特段の事情がない限り変わらない情報の扱い
- 日付が変わったり季節が変わったりすることによる、状態のリセット
- 平常時、非常時、トラブル時などの状態の変化によっての切り替わり
- ある操作がいったん終了したことによる、状態のリセット
- 一度何かの音声操作を行い、それがうまくいかなかったときにもう一度始めからやり直す場合
- 操作を途中で中断したことによる状態の継続
  ユーザー本人に中断したという意識や記憶がある場合とない場合があるため、再開時の取り扱いに注意が必要です

- ユーザーが1人だけの場合と、周辺に複数人いる場合、話してよい情報の範囲
- 明示的に保持している情報を破棄する指示、または設定を上書きしたり再設定するような事象

　会話において「コンテキストの繰越」「コンテキストの省略」はごく普通に使われます。例えば「今日雨降る？」という会話の後に「明日は？」とあれば、その後に続く「雨降る？」という言葉を自然と補完して認識します。

　人間同士だと「いつものあれ」で通じる事柄がある一方、忘れてほしいのに忘れてもらえない過去のドジや間違いなどもあり、人と人同士のコンテキストの共有、記憶は便利でもあり、不便でもあります。

　人の記憶であれば「そんなことまで覚えているの？」と思われておしまいですが、スマートスピーカーが何年も前の事柄を詳細に覚えており、それを会話で活用したとしたら、その親密さにうれしくなるかもしれない一方、すべての事柄を覚えられている不気味さも感じるかもしれません。この辺りは微妙で、最初は覚えすぎているよりは、忘れているほうがマシで、何度も同じことを繰り返したり、言ったりしているようであれば、その事柄を忘れず確実に覚えておくようにするなど、的確なバランスで扱う必要があります。

継続し続けるコンテキスト

途中で破棄されるコンテキスト

継続するコンテキストと、途中で破棄されるコンテキストのタイムライン

ささやき

　一部のスマートスピーカーでは、ウィスパーボイスと呼ばれる「ささやき」で操作が可能になりました。人間同士でもあえて小さな声で伝達することがあるのと同じように、家の中で大きな声が出せない状態、周囲の人に聞かれたくない状況の場合、「ささやき」が使えると便利です。このとき、返答のほうも「ささやき」のような音量を抑えた小さな声で返してくれます。

　逆に「大声」でスマートスピーカーと会話したいような場合もあります。周囲が騒がしいとき、意図を確実に伝えたいとき、イライラしているとき、耳が遠かったりヘッドフォンをしてよく聞こえない状態のときは、大声になりがちです。

　また、人と人の会話であれば、ささやく場合には、耳元に近づき、手で口元を覆って小さな声で話します。一方、人と人とが離れた場所にいる場合は、自然と普段よりも大きな声で話す傾向にあります。

　スマートスピーカーは、機種や設置場所にもよりますが、複数のマイクにより全方向から集音しており、1メートルから2メートルほどの距離で普段の会話程度の声の大きさで話せば認識されます。さらに遠くから話しかけたい場合はスマートスピーカーのほうを向いて話し、小声で話したい場合はスマートスピーカーに近づいて話すことになります。ささやきを認識するスマートスピーカーであっても、遠くから小さな声で指示していては反応しません。

　スマートスピーカーを設置したら、一度どのくらい離れてどのくらいの声で話せば反応するのか？　どのくらい声が小さければ反応しないのか？　遠くからでもどれくらい大きな声を出せば反応するのかを、部屋の中を歩き回って試しておき、感覚をつかむとよさそうです。

　また返答を急ぐ場合、早口で返答するよう指示したり、会話ではなく「音」で反応するよう設定したりする対応も考えられます。画面付きスマートスピーカーであれば、音や音声による反応を消して、画面のみで反応する方法も変則的な手段として考えられます。スマートスピーカーへの会話がいつも不用意に大声になり疲れてしまっては本末転倒です。

さらに、常に音を聞いているスマートスピーカーであれば、話しかけられた場合のみならず「環境音」をもとに何か動作を行うことも期待されます。例えばペットの鳴き声で自動エサやり機を操作したり、窓ガラスが割れた音を認識して警報を鳴らすなどといった動作です。

大事なこと、伝えたいことがある場合、声を張り上げ大声で話すよりも、ささやき声でゆっくりと話すほうが伝わりやすい場合もあります。大きな声で何かを指示したり、伝わるか伝わらないか不安になって大声を出したりすると、意味もなく不安になるかもしれません。

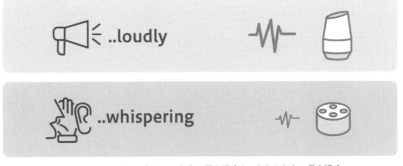

スマートスピーカーに向かって大声で言う場合と、ささやき声で言う場合

COLUMN VUI/VUXのヒントになるお薦め書籍　その⑯

・『ことば選び実用辞典（ビジネスマン辞典）』
学研辞典編集部，学研プラス，2003

言葉選びに悩んだときに役立つ、普通の辞書とは異なるタイプの実用的な辞書です。しっくりくる言葉が思い浮かばないとき、同じ表現ばかりを繰り返してしまうときなどに、他の言葉がないかを手軽に探せます。より短い表現を探しているとき、いくつかの候補から最適な言葉を選びたいとき、思い浮かんだ言葉の意味を正確に把握するために例文を確かめたいときなどにも、とても役立ちます。うろ覚えの言葉を確認するときも便利です。同じ意味の言葉でも、言葉の選び方ひとつで、誤解されたり、間違って伝わったりするのを回避する意味で、最適な言葉を選択する作業には、惜しまず時間をかけるべきかもしれません。

類書に『感情ことば選び辞典』『情景ことば選び辞典』『ことばの結びつき辞典』（すべて、学研プラス刊）などがあります。

ノーインターフェース

　究極の理想のインターフェースは、使いやすいインターフェースではなく「何も
しないこと」です。例えば、初めての目的地に向かうとき、スマートフォンの地図
アプリを駆使すればなんとかたどり着くことはできるはずです。一方、目的地の場
所を知っている人に案内されて一緒に行った場合は、そもそも地図アプリを使わな
くても、道に迷うことも不安になることもなく、目的地に到達できることでしょう。

　パソコンやスマートフォン、ゲーム機を始めとして、昨今のユーザーインター
フェースは画面を中心にしています。画面に頼りすぎる状況への憂慮を背景にし
た「No UI」（ノーインターフェース）という考えが広がりつつあります。画面に依
存したユーザーインターフェースの場合、いかに操作しやすいか、理解しやすい
か、必要な情報が正しくわかりやすく伝わるよう情報設計なされているかといった
事柄が重要視されます。また操作そのものが楽しいというインターフェースも存在
するかもしれません。一方、「No UI」の発想で考えると、細かな設定、柔軟な設定
が可能という利点よりも、初期設定、基本設定で、それなりにうまく対応してくれ
て、余計な機能を増やさないという考えも重要です。

　VUIでも「No UI」の視点が必要です。平易な言葉で適切に音声操作できるこ
とは大切ですが、サービスとして、インタラクションとしては、できれば少なめの
会話ですむほうがよいのです。もっと言えば「何もしないでよい」ほど楽で便利な
ことはありません。また、画面によって多数の情報や選択肢が与えられるGUIに
比べ、VUIは限定的なインターフェースでもあります。機械と相対するインター
フェースというよりも人と人のコミュニケーションの形態に近く、機械に何かして
ほしいという期待や欲求よりも、人に対する期待や欲求に近いイメージがありま
す。一般に、インターフェースが存在するということは、対象を直接操作している
わけではなく、何かを媒介（仲介）しているということでもあります。タッチパネ
ル、タッチスクリーンによる操作が増えてきたおかげで、一見「直接的な操作」が
可能になってはきましたが、それでも画面とタッチパネルと手の指というインター

フェースが介在することに変わりありません。

VUIという言葉には「UI」が含まれますが、限りなく「No UI」であり、今まで多数の操作が必要だった事柄が、VUIでは一気に実現できる可能性を秘めています。例えば「大音量でハッピーバースデーをかけて」とスマートスピーカーに二言三言お願いすれば可能な操作を、スマートフォンのタッチパネルでの操作と比較してみましょう。スマホのロックを外し、音楽アプリやYouTubeアプリを立ち上げ、曲名を画面のキーボードで入力し、複数表示されたリストから適切だと思われる曲名を選択し、音量を上げて……。

No UIの実現には、対象を注意深く観察すること、外部からの知識や情報を適切に取り入れること、知的に振る舞うことが必要です。これによって、人間に操作や判断、習熟を強いることなく、目的を実現できるようになるのです。

Maps UI

No UI

スマートフォンの地図アプリを使った体験と、アプリや地図に頼らなくてもよいという体験

使う言語が「世界の見え方」を
決めている

　2つ以上の言語を使いこなす人の場合、その利用言語によって性格や立ち振る舞いまで変わるのではないかという考え方があります。何かを考えたり、話したり、音声を聞いたりしたとき、言語によって、違った解釈や感覚があるのではと考えられています。バイリンガルの人は、ある言語で話すときと、もう一方の言語で話すときには性格まで変わるとも言われています。

　こういった考えは「サピア＝ウォーフの仮説」という、言語によってその人の話し方だけではなく、考え方も変わってしまうという説で説明されています。この説を広めたのは米国の人類学者フランツ・ボアズ氏で、生活感は言語に反映されるものだという説が導かれました。この説は住んでいる場所や人種による影響だけでなく、個々人の生活からも反映されると考えられます。

　例えば、時間に細かくタイミングを重視する人と時間にルーズな人とでは、使用する言葉もニュアンスが異なるでしょう。また頭の中で何かを考えるとき、頭の中で会話が聞こえてくるような言語的な考え方をする人もいれば、画像や映像で考える人もいるでしょう。誰かに何かをお願いするとき、スマートスピーカーに何かをお願いするとき、すらすらと思い描いていることを言葉で表現できる人もいれば、少し考えてから言葉を選びつつ話す人もいるでしょう。さらに、一度その言葉でうまく伝わったことがわかれば、次もまたその言葉を使うように記憶に残しておくことでしょう。そうやって多くの言葉を使い分け、最適な言葉を選んで使いこなすようになるのです。

　例えば、年中雪の中で暮らすイヌイットの間では「雪」を示す言葉が100種類もあると言われています。実際のところ100種類というのは伝聞で少々誇張されすぎており、実際は「雪」の状態を示す言葉を4種類から6種類もっており、そこから派生した雪を示す言葉が20種類以上あるということのようです。日本語でも「粉雪」「ぼたん雪」「沫（あわ）雪」「餅雪」と「雪」を含む表現と「六花」や「風花」といった「雪」を含まない表現がありますが、イヌイットの場合は、降っている雪、溶けた雪、積

雪、吹雪、雪の塊といった雪の状態そのものを表す言葉が複数あるのだそうです。

ここで考えてほしいのは、スマートスピーカーを英語で使うか、日本語で使うか、ということではなく、スマートスピーカーが理解する言葉、スマートスピーカーが発する言葉と、日常の人と人との会話の違いによって、人の考え方や振る舞いがどう変わるのだろうかという視点です。

解釈はひとそれぞれですが、一般的にスマートスピーカーは下記の3つのタイプの存在として扱われています。

* 顔や姿は見えないが声だけ聞こえる親しい友達、もう1人の家族としての扱い
* あまり正確に言葉が伝わらない、ちょっと頼りない「機械」としての存在
* 何でもお願いごとを聞いてくれる「執事」や「秘書」としての扱い

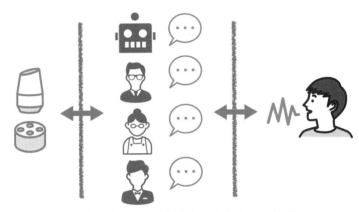

友人タイプ、ロボットタイプ、執事タイプとして話すスマートスピーカー

家族の一員や親しい友人として扱われたいのであれば、言葉も親しげな、くだけたものであるとともに、それぞれ相手の環境や背景、現在置かれている状況などを理解した上での会話を目指す必要があります。

一方、頼りない「機械」、完璧ではないコンピュータとしての存在であれば、変な言葉遣いや発話があっても、ある程度、許容してもらえます。利用者側は必要以上に事細かに指示したり、説明したりといった話し方になるかもしれません。

また、上から目線で「命令」される扱いになれば、言葉そのものも高圧的で上から目線になり、無理難題を押し付けるような言葉、振る舞いを受けるかもしれません。

相手が自分のことを当然知っているという前提で、余計なことは話さない傾向になることも考えられます。

つまりVUIでは、ユーザーにどうあってほしいか、どのように立ち振る舞ってほしいかを、言葉のやりとり、言葉遣い、会話の中で設計していく必要があるのです。

言葉の使い方や話し方で、考え方や思いが影響される場合があります。ネガティブな言葉ばかり使っていたり、聞かされていたりすると、思考や意識そのものもネガティブな思考になっていきます。同じ事柄を説明する場合でも、ポジティブな言い方とネガティブな言い方の両方が可能です。例えばエラーメッセージや不具合を伝える場合、意識的にポジティブにしようと考えないと、自然とネガティブな言い回しになってしまうでしょう。だからと言って不具合で利用者が怒り心頭なのに変にポジティブな言葉で対応すると、いっそうの怒りを招いてしまいます。

VUIでは言葉や会話そのものがインターフェースであり、意識や思想であると考えることができます。人と人の意思疎通のためのインターフェースでもある言語が、そのままスマートスピーカーへ考えや想いを伝えるためのインターフェースとなるのです。

「040　音声コマンド体系のデザイン」でも説明したように、SFドラマ『スタートレック』に出てくる戦闘に長けた宇宙人、クリンゴン人が扱うクリンゴン語は、戦闘中に軍事行動を的確に伝えることに特化したため、とても威圧的で短い発音の言語体系をもっています。近い将来、スマートスピーカーやVUIに最適化された言語に既存の言語が変化していき、さらにスマートスピーカー専用の特殊な言語が生み出されていくかもしれないと考えると期待がふくらみます。

テッド・チャン氏による短編SF小説『あなたの人生の物語』、またその小説を映像化したSF映画『メッセージ』（原題Arrival）では、巨大なタコ風の宇宙人が口から吐く墨で描く言語が登場します。この言語は人類とは全く異なる言語体系を用いる宇宙から来た知的生命体です。主人公の研究者はこの宇宙人の言語を解析・習得する中で、未来を予見するという時間を超越する能力を身につけてしまいます。この例は多少大げさで、現実にはとうていありえない事象でしょう。けれども、バイリンガルの人が日本語で考えるときとほかの言語で考えるときの違いと同じことが、VUIでも起こらないとは限りません。スマートスピーカーに何かを喋って伝えたり、回答を聴いたりするとき、スマートスピーカー用の言葉、VUIならではの何か特殊な感覚があるのではないか、今後そういった感覚がどんどん明らかになってくるのではないかと考えられるのです。

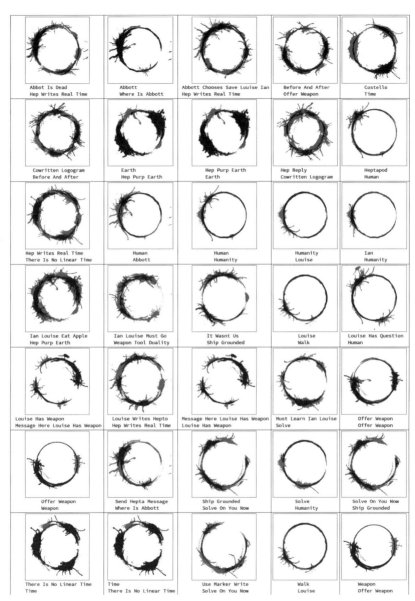

出典：https://community.wolfram.com/groups/-/m/t/1034626?sortMsg=Votes

Arrivalに登場した宇宙人HEATAPODの文字

※　参照　『あなたの人生の物語』テッド・チャン 著，浅倉久志 他 訳，早川書房，2003
※　参照　『エスキモー ― 極北の文化誌』宮岡 伯人 著，岩波書店，1987

VUI/VUXに関する情報源●お薦めニュースサイト・ニュースレター

　どのニュースレターも無料で登録可能で、知っておくべき最新の情報がコンパクトにまとめられています。

　メールニュースは古いメディアのように思えますが、最近はまた、情報メディアとしての人気が復活しています。

- News on Google Assistant
  https://developers.google.com/news/assistant

- Voicebot Weekly
  https://voicebot.ai/subscribe/

- Alexa Developer Newsletter
  https://developer.amazon.com/en-US/alexa/alexa-skills-kit/alexa-developer-newsletter-subscription

- 今週のAlexa活用ガイド
  https://www.amazon.co.jp/preferences/subscriptions/your-subscriptions/browse-all-subscriptions

- Google Developers Newsletter
  https://developers.google.com/newsletter

- Voice Branding Newsletter
  https://voicebranding.nl/

- ボイスUIメディア
  https://vuibiz.jp/subscribe-newsletter

COLUMN **VUI/VUXに関する情報源●お薦めポッドキャスト**

　音声に関する情報は音声で。以下に、手軽に聞ける音声番組ポッドキャストを紹介しておきます。

- Voice Tech Podcast
  https://voicetechpodcast.com/

- VUX World Podcast
  https://vux.world/podcast/

- The VoiceBot PodCast
  https://voicebot.ai/voicebot-podcasts/

索引

■著者紹介

安藤 幸央（あんどう ゆきお）

北海道札幌生まれ。VUI、音声サービスのUX、音声デザインなどに関して、講演多数。UXデザイナー・デザインスプリントマスター・Google Developer Expert。『今日からはじめる情報設計 ―センスメイキングするための7ステップ』翻訳（BNN）、『デザインスプリント ―プロダクトを成功に導く短期集中実践ガイド』監訳（オライリー・ジャパン）など。

■本書サポートページ

https://gihyo.jp/book/2021/978-4-297-11793-1

※本書記載の情報の修正／訂正／補正については、当該Webページで行います。

本文デザイン・組版・編集◉株式会社トップスタジオ
担当◉細谷 謙吾

■お問い合わせについて

本書に関するご質問については、記載内容についてのみとさせて頂きます。本書の内容以外のご質問には一切お答えできませんので、あらかじめご承知置きください。また、お電話でのご質問は受け付けておりませんので、書面またはFAX、弊社Webサイトのお問い合わせフォームをご利用ください。
なお、ご質問の際には、「書籍名」と「該当ページ番号」、「お客様のパソコンなどの動作環境」、「お名前とご連絡先」を明記してください。

■問合せ先
〒162-0846　東京都新宿区市谷左内町21-13
株式会社技術評論社
『音声UX ～ことばをデザインするための111の法則』係
FAX：03-3513-6173
URL：https://book.gihyo.jp

お送りいただきましたご質問には、できる限り迅速にお答えをするよう努力しておりますが、ご質問の内容によってはお答えするまでに、お時間をいただくこともございます。回答の期日をご指定いただいても、ご希望にお応えできかねる場合もありますので、あらかじめご了承ください。
ご質問の際記載いただいた個人情報は質問の返答以外の目的には使用いたしません。また、質問の返答後は速やかに破棄せていただきます。

音声UX ～ことばをデザインするための111の法則

2021年 1月22日　初版　第1刷発行

著　者	安藤 幸央	
発行者	片岡　巌	
発行所	株式会社技術評論社	
	東京都新宿区市谷左内町21-13	
	電話　03-3513-6150　販売促進部	
	電話　03-3513-6177　雑誌編集部	

印刷／製本　日経印刷株式会社

定価はカバーに表示してあります。

ISBN978-4-297-11793-1 C3055
Printed in Japan